공학 문제 해결의 길라잡이

창의 공학 2판

공학 문제 해결의 길라잡이

창의 공학 2판

박 강 · 박용원 · 김병재
장혁수 · 김영욱 공저

Innovation
Creativity
TRIZ

INFINITYBOOKS
인 피 니 티 북 스

머리말

공학은 우리 인류가 풍요로운 삶을 살아가는데 필요한 물적 조건과 환경을 개선하기 위한 모든 활동이다. 공학인(엔지니어)은 진리를 탐구하는 사람들이 아니라 당면한 문제의 가장 적절한 해결방안을 찾아 이를 현실에 구현하는 사람들이다. 공학적 문제해결방안을 설계라 하며 이것은 모든 공학활동의 근간이다. 공학적 해결방안은 문제의 정답이 아니며 자연적, 사회적, 경제적 역사적, 문화적, 심리적 등의 모든 상황을 고려하여 결정되는 최적화 작업이다. 따라서 우수한 설계능력은 자연현상의 과학적 원리이해를 바탕으로 다방면에 걸친 지식과 소양 그리고 상황을 판단하는 비판적 사고, 장애를 극복하는 창의성, 여러 분야의 사람들과 협동할 수 있는 의사소통능력과 팀웍 능력을 구비함으로써 얻을 수 있다.

20세기 산업사회의 소품종 대량생산의 패러다임은 21세기 지식정보화 사회에 들어서면서 창의적이고 혁신적인 제품과 서비스를 제공하는 상시 혁신의 패러다임으로 바뀌었다. 이 상시 혁신 패러다임을 통하여 다양하고 빠른 주기로 변화하는 소비자의 욕구를 충족시키는 기능을 수행해야 한다. 따라서 현시대는 공학인에게 전통적인 과학적 설계능력보다 훨씬 더 창의적이고 종합적인 설계능력을 요구하고 있다. 이에 부응하여 세계 여러 나라는 물론 우리나라에서도 공과대학 교육과정에 설계교육을 크게 강화하고 있다.

이 책은 공학교육에 처음 입문한 공과대학 저학년 학생들에게 공학문제의 특성과 그 문제들의 창의적 해결방안인 공학설계를 얻는 과정을 이해시키고 그 과정에서 필요한 창의성, 의사소통능력, 팀웍능력을 배양할 수 있도록 꾸며졌다. 이 교재를 이용한 창의공학 강좌를 통하여 학생들은 공학문제를 해결하는 과정과 이에 필요한 지식과 소양이 무엇인지를 알게 되면서 자신이 전공하는 공학분야에 더 깊은 흥미와 호기심을 갖게 되며 앞으로 대학에서 배우고 익히는 모든 분야의 교과목에 대해서도 그 이해심이 더욱 증대될 것이다.

이 책에는 창의적 문제해결을 위한 소양과 방법론 이외에도 창의적 설계에 널리 이용되는 TRIZ에 대해서 초보적인 단계의 이론과 원리를 소개하였으며 친환경설계, 공학인의 윤리에 대해서도 학생들이 이해와 관심을 갖도록 별도의 장에 수록하였다.

이 책에는 장마다 머리에 각 장의 학습목표를 정리하였으며, 강의진도에 따라, 준비활동, 실습활동, 프로젝트 활동을 제시함으로써 강의의 효율성을 높일 수 있도록 하였다. 학생들은 한 학기의 강좌 수강에서 하나 이상의 학기 프로젝트를 수행하게 되며, 이 프로젝트 활동을 통하여 창의적 공학설계의 전 과정을 실습할 수 있을 것이다.

이 책을 통하여 학생들이 공학설계에 대한 기본적인 이해와 문제해결 능력이 크게 향상되기를 바란다. 내용의 부족한 점이나 개선되어야 할 부분은 지속적으로 보완하고 수정하여 다음에는 더 좋은 교재로 만들 것을 약속하며 독자들의 충고와 도움을 부탁드린다.

2010년 봄, 저자 일동

전 판과 달라진 2판의 내용과 특징

본서는 아래 표에서 보는 바와 같이 이전 판과 비교해 새로운 구성과 내용을 가지고 있다.

장	이전 판	신판
1	개론	창의성
2	문제정의	팀웍
3	아이디어창출	의사소통
4	아이디어 다듬기	창의설계 개론
5	아이디어 판정	상황분석과 문제정의
6	팀웍	아이디어 창출
7	의사소통	아이디어 다듬기와 판정
8	심적장애	시각적 사고와 스케치
9	시각화	트리즈
10	기억법	친환경설계
11	지능모형	공학윤리
부록 A.0	프로젝트에 관한 서식	프로젝트에 관한 서식
부록 A.1		QFD
부록 A.2		문제해결사례와 트리즈의 40가지 발명원리
부록 A.3		엔지니어 윤리 강령
부록 A.4		NSPE 윤리 강령 시험문제의 정답

"1장 창의성"은 창의공학을 접하는 학생들에게 창의성에 관한 이해를 돕기 위한 장으로서 이전 판의 1장, 8장, 11장을 통합하여 수록하였다.

"2장 팀웍"과 "3장 의사소통"은 팀활동을 시작하는 학생들에게 팀웍의 개념과 의사소통의 행동지침 등을 제공하기 위하여 이전 판보다 앞에 배치하였다.

"4장 창의설계 개론"은 창의적 문제해결 방법론과 공학설계의 개념과 이를 공학설계에 적용하는 사례를 수록함으로써 독자가 창의적 공학설계에 대한 개념을 가지는데 도움이 되도록 하였다.

"5장 상황분석과 문제정의", "6장 아이디어 창출", "7장 아이디어 다듬기와 판정"은 이전 판의 3~5 장의 내용을 개편 보완하여 수록하였다.

"8장 시각적 사고와 스케치"에서는 스케치하는 방식으로 등각도 이외에 케비넷도와 원 그리는 법 등을 수록하였다.

이 책이 이전판과 가장 큰 차이점은 이전 판의 기억법을 빼고 "트리즈", "친환경설계", "공학윤리"를 추가하였다는 것이다.

"9장 트리즈"는 창의적 발명이론인 트리즈의 개론을 수록함으로써 창의공학설계에 발명적 해결책을 낼수 있도록 하였으며 부록에 "문제해결사례와 트리즈의 40가지 발명원리"를 수록하였다.

"10장 친환경 설계"는 최근 녹색성장에 관련되어 주목받고 있는 친환경 설계에 관한 내용을 수록하였다.

"11장 공학윤리"에서는 공학인증에서 요구하고 있는 공학윤리 교육내용을 입문설계 과목에 수록함으로써 공학설계교육에 내실을 기할 수 있도록 하였다.

목차

CHAPTER 01

창의성

개요

학습목표	창의성 및 창의적 문제해결에 대한 개념 이해		
주제	**이론제시**	**실습활동**	**응용 및 토의**
창의성 및 창의적 문제해결	• 창의성이란? • 공학은? • 창의적 문제해결 과정	• 실례를 바탕으로 패러다임 곡선 작성 • 과학과 공학문제의 차이점을 표로 작성	• 과학과 공학문제 해결방법의 차이에 대한 토의
과제	시대변천에 따른 공학인의 사회적 역할과 기능의 변화에 대한 조사		

1.1 창의성

1.1.1 공학(engineering)과 공학인(engineer)의 창의성

준비활동 1.1 : 공학은 어떤 학문인가? (5분 토의)

5~6명으로 팀을 만들어라. 공학이 어떤 학문인지? 과학과 공학이 어떻게 다른지 토의하고 팀에서 토의한 내용을 요약 정리하여 팀 대표가 발표하라.

공학을 공부하고 공학인으로 살아갈 여러분은 공학이란 학문에 대하여 그리고 공학인이 하는 일에 대하여 얼마나 잘 이해하고 있는가? 우리들의 삶은 의식주와 같은 기초생활과 삶을 풍요롭게 하기 위한 여러 가지 여가활동, 그리고 문화생활로 이루어진다. 인간은 자연환경을 삶의 양식에 맞게 개발, 이용함으로써 풍요로움을 누린다. 자연을 개발하여 이용하는 활동 중 수산업, 임업, 광업 등은 자연이 주는 여러 가지 자원을 채취, 재배, 양식하는 것이며 공업은 자연이 주는 이러한 일차적 산물을 가공 변경하여 우리의 삶에 필요한 물건(물질)들을 만들어내고 이들의 부가가치를 높이는 일련의 활동이라 할 수 있다. 이러한 공업 활동에는 제품설계, 생산과 제작, 운송과 유통뿐만 아니라 통신, 공정 개발, 관리 운용, 환경 개발과 개선 등의 활동이 포함된다. 공업활동에 관련하여 효율성, 경제성, 안전성, 편의성, 쾌적성, 환경성 등을 높이기 위한 학문을 공학이라 하고 공학에 종사하는 사람을 공학인(엔지니어)이라 한다. 따라서 공학은 자연환경과 현상을 이해하고 이를 인간의 생활에 응용하기 위한 과학지식과 기술이라고 할 수 있다. 종교와 철학 그리고 인문학과 예술이 인간의 정신적 삶을 풍요롭게 하고 사회과학은 인간사회의 제반제도와 사회발전을 도모하며, 과학이 자연의 원리와 우주 운행의 참 모습을 밝히는 학문이라면 공학은 인간의 물질적 삶과 삶의 안전성 그리고 쾌적성 향상을 위한 학문이라 할 것이다. 질 높은 삶에 대한 인간의 욕구는 끝이 없고 현상은 언제나 완전하지 않으므로 우리의 생활 주변에는 개선을 필요로 하는 문제가 상존한다. 이러한 삶의 질을 개선하고자하는 욕구와 관련된 문제가 공학이 해결해야할 공학적 문제(engineering problems)이고, 공학인(engineer)이 해야 할 과제는 이러한 공학적 문제를 해결하는 것이다. 따라서 공학은 문제해결의 학문이다.

1.1.2 공학인의 창의적 능력과 소양

공학의 영역은 시대에 따라 변한다. 원시사회에서는 의식주의 기본적인 요구를 해결하는 데 공학의 범위가 한정되었지만, 문명의 발달과 함께 인간 생활양식이 복잡다단해짐에 따라 공학의 영역도 넓어졌다. 산업혁명 이후 공학이 중요한 학문으로서 기틀을 잡았고 산업사회의 발달과 함께 공학은 다양한 여러 전문분야로 분화되어 발전하였다. 과학문명이 고도로 발달되고 정보화 사회로 진입한 오늘날, 인류의 생활양식은 시공간의 절대적 제약을 받던 과거와는 전혀 다른 양상을 보이게 되었다. 더욱이 인류가 디지털 통신에 의한 정보화 사회로 진입하면서 공학의 영역과 공학인의 역할이 획기적으로 변화하게 되었다. 산업사회에서는 공학인이라면 당연히 수학과 과학 지식 및 능력을 갖추어야 한다고 여겼다. 그러나 지식정보화 사회에서는 정보통신과 유통기술의 획기적 발달에 따라 세계 시장이 통합되고 기술 발전 주기가 빨라져 최첨단, 최고 수준의 제품이나 서비스가 아니면 경쟁에서 도태되는 무한경쟁시장이 형성되고 있다. 이러한 환경에서는 공학인에게 수학과 과학에 능한 분석적 사고능력만 요구되지 않는다. 오히려 팀웍능력, 의사소통능력과 함께 창의력 등을 포함하는 총체적인 사고능력이 절실히 요구되고 있다. 이에 따라 2000년에 들어 미국공학기술인증위원회(ABET; Accreditation Board for Engineering and Technology)가 대학의 공학교육과정 인증기준으로 채택한 공학기준(engineering criteria) 2000에서는 대학의 공학교육을 이수한 학생들이 갖추어야할 능력과 소양으로 공학전공 관련 지식과 아울러 종합적인 문제해결능력을 포함하는 11가지 학습성과(student outcomes)를 제시하였다. 한국공학교육인증(ABEEK; Accreditation Board for Engineering Education of Korea)에서도 이와 매우 유사한 학습성과 12가지를 공학교육인증기준으로 채택하여 적용하고 있다([표1.1]).

표 1.1 한국공학교육인증원의 인증기준에 규정된 프로그램 학습성과 (ABEEK-2006-AB-020)

❶ 수학, 기초과학, 공학의 지식과 정보기술을 응용할 수 있는 능력
❷ 자료를 이해하고 분석할 수 있는 능력 및 실험을 계획하고 수행할 수 있는 능력
❸ 현실적 제한조건을 반영하여 시스템, 요소, 공정을 설계할 수 있는 능력
❹ 공학 문제들을 인식하며, 이를 공식화하고 해결할 수 있는 능력
❺ 공학 실무에 필요한 기술, 방법, 도구들을 사용할 수 있는 능력
❻ 복합 학제적 팀의 한 구성원 역할을 해낼 수 있는 능력
❼ 효과적으로 의사를 전달할 수 있는 능력
❽ 평생교육의 필요성에 대한 인식과 이에 능동적으로 참여할 수 있는 능력
❾ 공학적 해결방안이 세계적, 경제적, 환경적, 사회적 상황에 끼치는 영향을 이해할 수 있는 폭넓은 지식
❿ 시사적 논점들에 대한 기본 지식
⓫ 직업적 책임과 윤리적 책임에 대한 인식
⓬ 세계문화에 대한 이해와 국제적으로 협동할 수 있는 능력

이처럼 공학교육인증기준에서는 학생들이 무슨 학과목을 공부했는가보다는 교육과정을 이수한 학생이 무엇을 할 수 있는가를 평가기준으로 삼고 있다. 12가지 학습성과 중 ❻번에서 ⓬번까지 제시된 것들은 산업사회의 전통적 엔지니어들에게는 요구되지 않았다. 이것은 지식정보화사회의 엔지니어에게 요구되는 새로운 소양들이다. 이러한 소양과 능력들은 공학문제의 창의적 해결을 위한 종합적 사고를 필요로 한다. 또한 공학전공 관련 능력에서도 단순한 이론 능력보다는 공학문제해결과 설계능력을 중시하고 있음을 알 수 있다. 이러한 문제해결과 설계능력은 창의성이 필수적으로 요구되는 분야이다. 따라서 새 시대의 공학인이 꼭 갖추어야할 소양으로서 창의성의 중요성은 점점 더 커지고 있다. 그런데 지금까지 우리나라의 교육은 지식 위주의 교육에만 치중하고 창의력 배양 교육에는 힘쓰지 않고 있었다는 것이 산업체 조사결과에 잘 나타나고 있다([표 1.2]).

표 1.2 산업체가 평가한 한국 대학교육의 부문별 만족도 (전경련, 2002)

교육부분	잘함(%)	보통(%)	잘못함(%)
실습 및 현장 교육	2	11	87
창의력 배양 교육	3	22	75
인성 교육	10	31	59
전공 교육	12	37	51
대인관계/의사소통 능력 교육	13	39	48
문제해결 능력 교육	16	41	43
교약 교육	20	44	36
외국어 및 국제화 교육	28	44	28
자기관리 능력 교육	32	43	25
정보화 교육	43	45	12

1.1.3 창의성(creativity)

준비활동 1.2 : 창의적 아이디어 사례

5~6명씩 조를 만들어라. 우리 주변에서 창의적 아이디어로 원래의 용도와 다른 새로운 용도로 훌륭하게 사용되고 있는 물건들을 찾아보고, 찾은 것을 서로 비교해 보아라.

창의성이란 단어는 일반적으로 '새로움', '남다름', '더 좋음'과 같은 뜻을 연상하게 한다. 창의성이란 현재 상태보다 더 좋은 또는 더 나은 상태로 개선되도록 이끌어가는 아이디어와 그 아이디어를 실행하여 구체적인 결과를 얻고 문제해결에 이르도록 하는 것을 말한다. 발견과 발명은 창의성에 기반을 둔 인간활동이며, 현재의 상태를 어떤 형태로든 변경하는 것이다. 안전성, 편의성, 효율성, 경제성, 쾌적성 또는 환경이나 정서적 느낌 등을 망라하여 어떤 측면에서든지 새로운 가치 창출이나 개선이 이루어지도록 하는 것을 창의적 활동이라 한다. 또한 창의적 아이디어로 개선이 이루어진 것을 혁신(innovation)이라한다. 창의적 아이디어를 창출하는 것은 인간의 예술가적 속성이며, 그 아이디어로 혁신을 이루는 것은 엔지니어적 속성이다. 엔지니어의 창의성은 아이디어 창출에서 끝나는 것이 아니라 그 아이디어를 실행하여 건설적인 결과를 얻는 혁신을 이루는 것이다. 창의성은 선천적으로 타고나기도 하지만 훈련과 교육에 따라 다음과 같이 후천적으로 배양될 수 있다.

1) 창의성은 관심과 호기심에서 나온다.

어떤 문제에 대한 지속적인 관심과 호기심은 그 문제에 대한 이해의 폭을 넓히고 그와 관련된 많은 정보와 지식 그리고 경험을 축적하고 사고를 집중하게 하여 많은 아이디어를 떠오르게 한다.

2) 창의성은 적극적이고 긍정적인 사고에서 나온다.

결과에 대한 낙관적 마음가짐과 자발적이고 지속적인 시간과 노력 투자가 새로운 아이디어를 떠오르게 한다. 부정적이고 회의적인 사고를 지니고 있으면 창의성은 발현되기 어렵다.

3) 창의성은 유연하고 열린 사고에서 길러진다.

기존의 가치와 관습에 얽매이거나 한곳에 집착하는 경직된 사고와 고집은 창의성 발현을 막는다. 항상 대안을 생각하고 다른 생각, 다른 문화, 다른 가치관에 대하여 너그럽게 받아들이며 사물을 보는 각도를 바꾸는 등 다양한 시각으로 보는 습관이 창의성을 기른다.

4) 창의성은 칭찬과 보상으로 자란다.

좋은 아이디어로 얻은 개선이 주위의 칭찬과 적절한 보상을 받으면 그 격려에 힘입어 창의성은 크게 자라게 된다. 반대로 무관심과 비난은 창의성을 움츠러들게 하여 더 이상 새로운 아이디어를 떠오르게 하지 않는다.

5) 창의성은 팀 활동으로 증폭된다.

지식과 경험, 사고력과 관찰력이 각기 다른 다양한 구성원으로 이루어진 팀은 창의적 아이디어 창출 능력을 증폭시킬 수 있다. 잘 이루어진 팀에서는 구성원들의 아이디어가 상호 시너지 효과를 발휘하여 아이디어 창출이 활성화되므로 팀 활동은 창의적 문제해결에 매우 효과적이다. 따라서 팀 활동 능력은 엔지니어가 갖추어야할 가장 중요한 능력으로서, 팀 활동을 통하여 개인으로서는 부족할 수도 있는 창의성을 발휘할 수 있다.

1.2 창의적 문제해결을 위한 능력

1.2.1 공학적 문제와 문제해결

1) 문제란?

"창의적 문제해결"이란 용어에서 문제는 [그림 1.1]에서 설명된 것과 같이 현재 존재하는 것("상태 A"라고 하자)과 앞으로 존재하기를 바라는 것("상태 B"라고 하자) 사이의 차이에서 나온다. 즉, 올바른 해결책을 통하여 현재 상태 A보다 개선된 상태 B로 변화가 요구되는 상황들이 모두 문제라 할 수 있는 것이다. [표 1.3]은 상태 A와 상태 B를 정의한 문제의 예들을 보여준다.

그림 1.1
문제와 문제해결

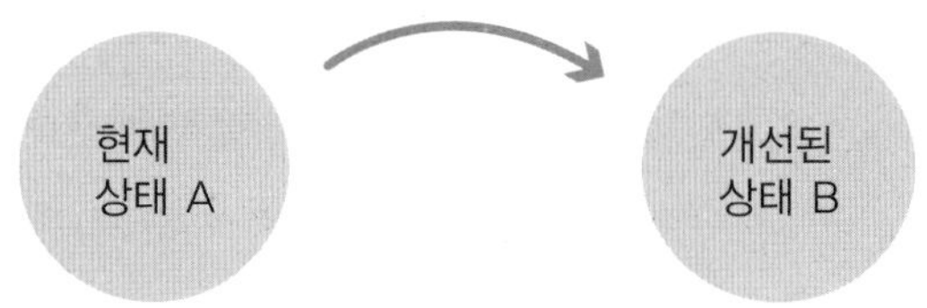

표 1.3
문제의 예

문제 예	상태 A	상태 B
기계소음 문제	소음을 내는 기계	소음이 적은 기계
학업성적 향상 문제	나쁜 학업 성적	좋은 학업 성적
출산율 저하 문제	낮은 출산율	높은 출산율

2) 문제를 대하는 태도

문제를 인식하였을 때 사람들이 취하는 반응은 여러 가지가 있을 수 있다.

첫째: 개선된 상태 B의 필요성을 느끼지 않는 사람

기계의 소음이나 나쁜 학업성적 등과 같은 현재 상태 A의 안 좋은 점들을 그냥 받아들이고 견디는 경우이다. 이렇게 개선의 의지가 없는 사람은 마음씨가 좋고 성격이 좋을 수는 있지만 발전이 없으며 결국 경쟁사회에서 도태되고 만다.

둘째: 문제를 회피하는 사람

문제가 있는 것을 알지만 해결책을 찾는 과정을 귀찮아하며 회피하는 경우이다. 문제를 해결할 능력이 없거나 자신의 능력을 믿지 못하거나 문제해결의 어려운 과정을 헤쳐 나갈 의지가 없는 사람이다. 이는 문제해결의 시도도 해보지 않는 경우이므로 발전이 없다.

셋째: 개선된 상태 B의 필요성을 느끼지만 해결책이 없다고 불평만 늘어놓는 사람

상태 A의 불편함을 호소하면서 이 문제를 일으킨 원인에 대해 비난하고 짜증을 내는 경우이다. 문제를 모두 타인의 책임으로 돌리고 비난하는데 에너지를 쏟으면서 문제의 해결에는 소극적이다. 이런 사람은 팀웍을 해치고 주변에 있는 사람의 개선 의지까지도 꺾는다.

넷째: 문제를 인식한 후 이 문제를 어떻게 해결할 것인가 모색하는 사람

문제해결을 위하여 긍정적으로 사태를 비판하는 사람이다. 즉, 문제를 주도적으로 해결하려고 노력하고 문제해결과정을 귀찮아하지 않을 뿐만 아니라 오히려 그 과정을 즐기면서 창의성을 최대로 발현하는 경우이다. 이런 사람은 팀의 구성원으로서 팀을 성공으로 이끌며 장차 사회의 리더로 성장할 수 있다. 창의설계 입문을 배우고 있는 학생들은 모두 이런 긍정적 비판자의 역할과 창의적 문제해결자의 역할을 충분히 해낼 수 있도록 노력해야 한다.

3) 문제의 양면성

위기(危機)는 항상 위험(危)과 기회(機)라는 양면성을 가지고 있다. 문제가 발생했다는 것도 일종의 위기 상황이므로 위험과 기회라는 양면성을 가지게 된다. 문제해결을 위해서는 위험이라는 측면을 고려하여 조심스럽게 접근하여야 한다. 그러나 위험이라는 측면만 인식하고 기회라는 측면은 간과하는 경우가 많다. 문제해결은 위험해소라는 단계를 넘어 새로운 기회를 모색하는 차원으로 나아가는 것이다. 한 예로 외화부족으로 촉발된 1997년도의 IMF사태는 한국민들에게 경제적 위기이자 총체적 어려움이었다. 당시에는 IMF 문제의 해결이 어렵고 외화부족 해결이 시급하여 위험이라는 측면만 인식하고 기회의 측면은 인식하기 힘들었다. 그러나 이러한 문제해결을 통하여 한국 사회에 내재되어 있던 기업경영의 건전성과 투명성 향상과 체질 강화를 이룸으로써 IMF 후 한국의 기업들은 그 이전보다 훨씬 높은 경쟁력을 가지게 되었다.

1.2.2 창의적 문제해결 과정

준비활동 1.3 : 공학문제 해결과정(10분 활동)

5~6명씩 팀을 구성하라. “A” 자동차 회사의 “B” 자동차가 고속 주행 시 잡음이 심하게 난다는 불평을 하는 고객이 많다. 이 문제를 어떤 과정을 통하여 해결해야 하는지에 대하여 토의하고 그 결과를 발표하라.

공학문제들은 특성에 따라 그 해결방법이 다르다. 학생들은 학교 공부에서 수많은 문제를 풀고 그것이 학교 공부의 중요한 부분을 차지한다. 학교에서 푸는 문제들은 대부분 문제가 이미 명확히 정의되어 있어서 학생들은 제시된 조건과 기억하고 있는 지식을 통하여 답을 찾았다. 수학 및 과학 문제의 경우에도 분석적 사고나 실험을 통하여 답을 찾으면 되었다. 그러나 공학문제해결은 문제가 존재한다는 것을 인식하고 그 실체를 정확히 파악하여 정의하는 문제정의로부터 시작된다. 그러므로 문제를 파악하고 정의하는 것은 엔지니어가 갖추어야 할 가장 기본적이고 중요한 능력의 하나이다. 공학적 문제의 해결은 창의적 문제해결 과정을 통하여 이루어진다.

창의적 문제해결은 “문제정의, 아이디어 창출, 창의적 아이디어 다듬기, 아이디어 판정, 해결책 실행”의 순서에 따라 최적의 해를 찾는 일련의 과정이다. [그림 1.2]는 창의적 문제해결 과정의 흐름도를 표현한 것이다.

그림 1.2
창의적 문제해결 과정

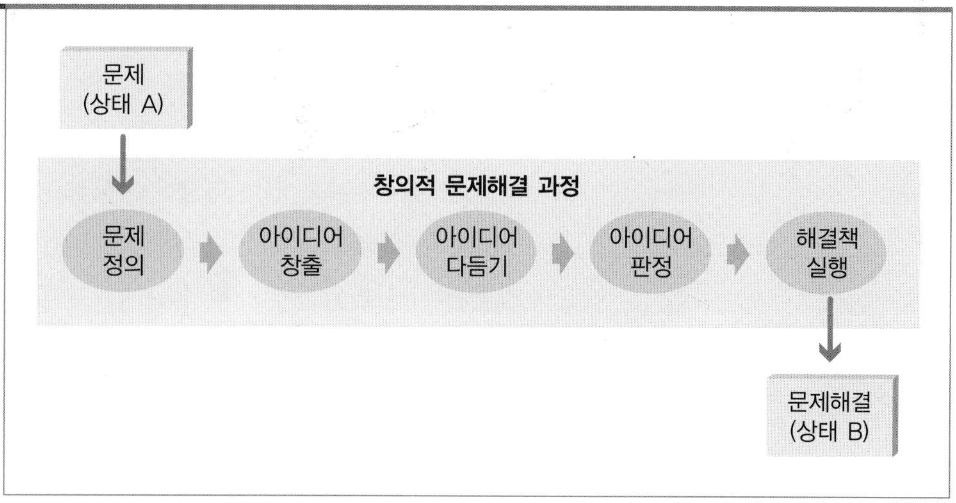

해결해야 할 문제(상태 A)가 있을 때, 창의적 문제해결 과정을 적용하면 문제해결(상태 B)를 얻을 수 있다. [그림 1.2]에서 보는 바와 같이 창의적 문제해결 과정은 문제정의, 아이디어 창출, 아이디어 다듬기, 아이디어 판정, 해결책 실행으로 구성되어진다. 즉, 설문조사나 문헌조사를 통하여 해결해야 할 문제의 진짜문제를 찾아내어 명확하게 정의를 한 후(문제정의 단계), 브레인스토밍과 같은 창의적 아이디어 창출 방법들을 사용하여 최대한 많은 아이디어를 만들어내고(아이디어 창출 단계), 이들 초기 아이디어를 쓸모 있는 아이디어로 만드는 과정(아이디어 다듬기 단계)을 거쳐 만들어진 소수의 아이디어 중 가장 좋은 아이디어를 골라내어서(아이디어 판정 단계) 실행을 함으로써 문제를 해결할 수 있다.

1.2.3 창의적 문제해결을 위한 여러 능력

창의적 문제 해결은 발산적 사고와 수렴적 사고, 분석적 사고와 종합적 사고, 창의력과 비판적 사고는 물론 팀웍, 의사소통 능력, 심적장애극복 능력, 기억술, 시각화 능력, 기타 여러 가지 전문적인 도구가 이용되는 총뇌적 활동(whole brain activity)이다. 이 교재의 학습을 통하여 학생들은 창의적 문제해결 과정과 그에 필요한 여러 종류의 기법과 사고법들을 배우게 된다.

1) 팀웍(teamwork)

팀웍은 다수의 구성원이 공동의 목표를 향하여 협동작업을 수행하는 것을 말한다. 팀원들은 각자 지니고 있는 다양한 지식과 능력에 맞는 임무와 역할을 유기적으로 수행하여 문제 해결의 효율을 극대화한다. 팀웍의 장점은 다양한 지식과 능력 그리고 경험을 지닌 팀원들의 능력이 문제해결에 시너지 효과를 발휘하여 창의성을 증폭하고 도전정신과 용기를 북돋아 개인이 성취할 수 없는 목표를 달성할 수 있게 하는 것이다. 이러한 팀웍의 장점이 잘 발휘될 수 있게 하려면 팀원 구성, 팀 운영이 잘 이루어져야 하는데 이 교재에서는 제2장에서 팀웍에 대해 다루고 있다.

2) 의사소통(communication skill)

의사소통은 엔지니어가 갖추어야할 매우 중요한 능력이다. 창의적 문제해결 과정에서 팀 활동이 원활하게 이루어지려면 팀원 사이에 의사소통이 잘 이루어져야 한다. 또한 고객의 요구를 잘 파악하고 자신의 아이디어나 해결책을 실현하기 위해 엔지니어에게는 자신의 생각을 말과 글 그리고 다양한 매체를 통하여 효과적으로 전달하고 발표할 수 있는 능력이 꼭 필요하다. 좋은 의사소통 능력을 가지려면 좋은 청취자, 발표자, 토론자, 협상자 그리고 문서작성자가 되어야한다. 이 교재 제3장에서 의사소통에 대해 다루었다.

3) 심적 장애(mental block) 극복

창의성은 인간의 천부적 재능이다. 그러나 성장하면서 우리는 잘못된 교육과 사회생활을 통하여 그 창의성을 계발하고 발전시키기보다는 오히려 억제하고 삭감시키는 우를 범하고 있다. 이렇게 창의성을 저해하는 심적 장애에는 잘못된 생각들, 습관 장애, 문화적 장애, 감정적 장애, 그리고 환경적 장애 등이 있다. 창의적 문제해결을 위한 창의성을 개발하려면 먼저 이러한 장애들을 극복하여야한다.

4) 시각화(visualization)와 기억법(memory)

인간의 사고 작용으로는 구술적 사고(verbal thinking), 수학적 사고(mathematical thinking), 감각적 사고(sensory thinking), 그리고 시각적 사고(visual thinking)가 있다. 이 중 시각적 사고는 사물을 구체적 형상과 연상하여 파악하고 기억하는 사고로서 창의적 활동과 기억술 향상에 매우 효과적인 사고법이다. 두뇌활동은 두뇌에 저장된 기억을 바탕으로 이루어지며 따라서 기억력은 인간 두뇌활동의 기초이다.

5) 지능모형(brain dominant model)

인간의 뇌는 크게 좌뇌와 우뇌로 구성되었고 뇌의 각 부분은 서로 다른 두뇌 활동을 관장한다. 사람마다 두뇌 활동이 우세한 부분이 다르므로 사고 활동도 사람의 개성에 따라 차이가 나게 마련이다. 인간의 지능은 대체로 언어지능, 논리수학지능, 음악지능, 신체운동지능, 공간지능, 대인지능, 자성지능, 자연지능 등으로 구분된다. 허먼(Herrmann)은 사고 선호도에 따라 학습, 문제해결 방법, 창의성, 의사소통 방법 등이 달라짐을 관찰하여 좌우뇌를 각각 양분한 4분면(A, B, C, D)으로 대별하고 사람의 뇌 활동을 4분면에 따라 구분하는 두뇌우성모형을 제시하였다(HBDM: Herrmann Brain Dominant Model). 이러한 두뇌우성 분류는 개인의 적성 개발에 이용될 수 있으며 유형별 두뇌활동의 특성에 따른 팀 구성, 의사소통, 직무선택 등을 통하여 창의적 문제해결에 이용된다.

1.3 패러다임 변환(paradigm shift)과 혁신

이 세상은 끊임없이 변화한다. 생활양식, 사고방식, 가치관, 판단 기준 등 모든 것이 시대의 변천에 따라 바뀌게 마련이다. 지금 어떤 것이 사람들에게 사랑을 받고 환영을 받는다고 하더라도 시간이 지남에 따라 사람들의 선호도는 더 나은 다른 것으로 옮겨가고 사랑 받던 대상은 역사의 뒤안으로 물러가게 마련이다. 이러한 변화의 가장 대표적인 분야로 의상 패션 유행의 변천을 들 수 있다. 그러나 해가 바뀌고 계절이 바뀌면서 선호하는 대상이 바뀌게 되는 것이 어찌 의상 패션뿐이겠는가? 우리 주변의 모든 것은 생물이 탄생, 성장, 성숙, 노쇠, 사망의 순환을 겪는 것과 유사한 과정으로 나타나 전성기를 구가하다가 어느새 우리들의 관심 밖으로 사라지고 있다. 이렇게 높은 가치 평가를 받던 사상이나 제도 또는 기술, 그리고 가장 선호 대상이었던 물품 등이 그 평가와 선호도가 바뀌어 수명을 다하고 새로운 사상, 제도, 기술 또는 물품으로 대체되는 것을 패러다임 변환이라고 부른다. 이러한 패러다임 변환에는 철학적 사고의 변화, 미적 기준의 변천, 기술 발전에 따르는 새로운 문물의 출현을 포함해 모든 문화, 문물의 발전 현상이 포함된다. 문명과 문화의 발전은 이러한 패러다임 변환을 통하여 일어난다고 할 수 있다. 이러한 패러다임 변환과정은 항상 창의성에 의해 이루어진다. [표 1.4]에서 대표적인 패러다임 변환의 예를 볼 수 있다.

표 1.4
패러다임 변환의 몇 가지 사례

- 휴대폰의 출현으로 공중전화의 효용성이 급격히 감소하였다.
- 디지털 카메라의 출현으로 감광식 필름 카메라의 수요가 급감하였다.
- PC의 대량 보급으로 타자기의 수요가 사라졌다.
- 인터넷통신의 발달로 전통적인 편지쓰기 문화가 이메일과 메신저로 대체되고 있다.
- 홈쇼핑 TV와 인터넷 쇼핑 대중화로 재래시장을 비롯한 오프라인 시장이 위축되고 있다.
- 2009년 현재에 논의 중인 스마트 그리드는 전력산업의 변혁이 예고된 파라다임 변환의 초기 단계에 있다.

패러다임 변환의 특성은 [그림 1.3]에 나타낸 패러다임 변환 주기 곡선으로 설명된다. 그림에서 A 부분은 패러다임 초기단계로서 소수의 선구자들이 하나의 문제에 대한 해결책으로 이 패러다임을 이용하고 있는 단계이다. 패러다임이 문제해결 방법으로서 가치가 인정되면 많은 사람들이 이 패러다임을 선호하게 되어 이 패러다임은 성숙단계인 B 부분에 이르게 된다. B 부분은 이 패러다임의 전성기에 해당하지만 잠재적으로 또 다른 문제가 나타나는 시기이기도 하다. 이러한 잠재적 문제와 더 나은 것에 대한 인간의 욕구 때문에 현재의 패러다임이 더 이상 만족스러운 문제해결책이 될 수 없게 된다. 패러다임 쇠퇴기인 C 부분에 이르기 전에 이러한 잠재적 문제를 해결할 또 하나의 새로운 패러다임의 출현이 요구되며 쇠퇴기 C 부분에 도달하기 전에 새로운 패러다임으로 옮기는 패러다임 변환을 수행해야만 경쟁에서 낙오되지 않게 된다. 적기에 새로운 패러다임으로 패러다임 변환이 자연스럽게 일어나야 한다. 기존 패러다임에 고착된 사회나 조직은 발전 과정에서 낙오하게 된다.

그림 1.3
패러다임 변환 주기 곡선

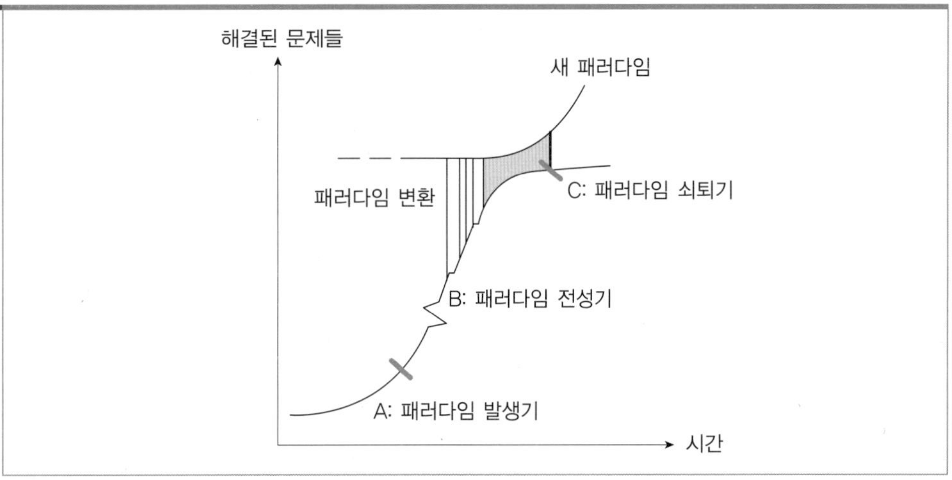

패러다임 변환의 대표적인 예를 우리는 중국의 경우에서 볼 수 있는데, 중국은 1980년대에 사회주의 경제로부터 시장경제로 적기에 패러다임 변환을 이루어 눈부신 경제성장을 이루었다. 한편, 1990년대 이후 사회는 아날로그 기술로부터 디지털 기술사회로 패러다임이 변환되었다. 이 시기에 연구와 기술 투자를 감행한 한국의 IT 산업계가 그 패러다임 변환의 효과로 요즘 세계 IT기술의 선두에 설 수 있게 된 것이 패러다임 변환에 적절히 대응한 좋은 예라 할 수 있다. 따라서 21세기 엔지니어들은

1) 기술과 상품 개발에서 기존 패러다임의 발생과 성숙 그리고 쇠퇴의 일주기 곡선 중 어느 시점에 와 있는지를 정확히 판단하고
2) 적시에 창의적인 사고를 통하여 새로운 문제해결 패러다임으로 변환하는 창의적 문제해결능력을 가지고 있어야 한다.

이를 위해서는 늘 해오던 대로 익숙해진 "사고의 관성"을 벗어나고 새로운 생각이나 패러다임을 받아들일 수 있는 열린 마음이 필요하다.

1.4 창의성을 가로막는 심적장애

1.4.1 심적장애란?

창의성은 인간의 천부적 재능이다. 그러나 사람들에게 "당신은 창의적인 사람이라고 생각합니까?" 라고 질문을 하면 대부분의 사람들은 "글쎄요?" 라고 대답을 한다. 실제로 많은 사람들이 자신의 문제를 해결하는데 창의성을 제대로 발휘 못하는 경우가 많다. 창의적 문제해결 방법을 모르기 때문에 일어나는 경우일 수도 있지만 마음 속에 창의성을 위축시키는 심적 장애가 있기 때문일 수도 있다. 여기서는 창의성을 저해하는 심적 장애에 어떤 종류가 있는지 알아보고 그것을 극복하는 방법들을 제시한다. 심적 장애에는 잘못된 생각, 습관 장애, 감정적 장애, 문화적 장애, 환경적 장애 등을 들 수 있다.

1.4.2 잘못된 생각

잘못된 생각 1 **나는 창의적이지 못하다.**

당신은 NASA 엔지니어, 고교 교사, 주부, 대학생, 초등학교 1학년생, 언론인, 영화감독, 추상화가, 자동차 수리공 중 누구를 가장 창의적이라고 생각하는가? 또 누구를 가장 창의적이지 못할 것이라고 생각했는가? 통계 자료에 의하면 5세는 90%이상이 창의적이지만 17세는 10%, 25세 이상은 2% 만이 창의적이라고 한다. 어릴수록 창의적 사고를 하는 이유는 창의적 사고를 저해하는 심적 장애요인들이 적기 때문이다. 그러나 창의적 능력은 나이와 무관하다. 스스로의 노력을 통해서 심적 장애를 극복할 수 있다면 나이와 무관하게 창의적인 문제해결을 해낼 수 있기 때문이다. 한편, 당신이 창의적이지 못할 것이라고 생각한 그룹이 과연 창의적이지 못한 것일까? 예를 들어, 가정주부들도 매우 창의적이다. 어느 날 갑자기 찾아온 손님들을 대접하기 위해서 냉장고에 있는 한정된 재료로 훌륭한 요리를 해낼 수 있는 창의력을 가진 주부들이 많이 있다. 따라서 " 누구는 창의적일 것이다" 혹은 "누구는 창의적이지 못할 것이다"라는 선입견 자체가 창의성을 가로막는 심적장애인 것이다." 나는 ○○○

이기 때문에 창의적이지 못할 것이야"라는 심적장애를 떨쳐버리고, "나는 창의적이다"라는 자신감을 가지고 창의성을 발휘해야 한다.

잘못된 생각 2 **지식의 양과 창의성은 비례한다.**

아는 것이 많은 사람이 창의적인 사고를 할 것이라는 생각도 잘못된 것이다. 어떤 문제에 부딪쳤을 때, 아는 것이 많은 사람은 어떤 관점에 대해서도 이성적으로 설득력 있는 진술을 할 수 있다. 따라서 문제를 합리화하여 대안을 찾을 필요성을 못느끼게 만들거나, 몇 개의 제안된 아이디어에 안주하여 진짜 창의적인 아이디어를 봉쇄해 버린다. 또한, 말을 잘하는 사람은 사고 능력이 좋은 것으로 자주 오해 한다. 이들은 깊이 생각하는 대신에 말만 번지르르하게 하기를 좋아한다. 이들은 신속한 사고력을 가지고 있지만 몇 개의 정보에 의지하여 섣불리 결론에 이르게 된다. 문제에 대한 답을 빨리 생각해 내는 것이 좋은 것이 아니다. 비록 다른 사람이 보기에는 약간 답답해 보일지라도 시간을 두고 탐구적으로 심사숙고하는 것이 문제 해결에 더욱 좋을 때가 많다. 지식을 남을 비난하는데 사용하면 문제해결을 위해 건설적으로 사용하는 것보다도 대개 개인적으로는 더 만족감을 줄 수 있다. 그 이유는 다른 사람의 잘못을 입증함으로써 남들에 대한 즉각적인 우월감을 느끼게 되기 때문이다. 그러나 이는 비판하는 사람 본인과 그 말을 "듣는" 모든 사람의 창의적 사고를 파괴하기 때문에 피해야 한다.

잘못된 생각 3 노는 것은 시간낭비이다.

노는 것이 시간낭비라는 생각도 잘못된 것이다. 노는 것은 정신건강에 매우 중요하다. 예를 들어 가족들과 즐거운 놀이를 하거나 여행을 가는 것은 정서적인 풍요를 가져올 뿐만 아니라 창의성을 더욱 향상 시키는 원천이 된다. 모래 놀이나 블록 장난감 또는 뫼비우스의 띠 등을 가지고 노는 것은 어린이들 창의성 개발에 매우 좋다. 여러분이 한가한 시간에 "만약 이렇다면(what if?)"이라는 질문을 하고 답을 하는 놀이 습관을 들인다면 창의성 향상에 매우 도움이 될 것이다.

"만약 이렇다면" 놀이의 예:

- 만약 모든 사람들의 키가 지금의 절반밖에 안된다면?
- 곤충의 크기가 지금보다 10배 커진다면?

또한 유머도 창의성 향상에 매우 중요하다. 사람은 어떤 결과가 상식 밖이거나 예측되었던 것과 매우 다를 때 웃게 된다(예: 치마를 입은 남자, 콧수염 난 모나리자). 이러한 유머는 발상의 전환을 우리에게 경험시키고, 스트레스와 긴장감과 단조로움을 해소시켜 창의성 향상에 도움을 많이 준다. 따라서 창의성도 향상시키고 생활도 즐겁게 만들기 위해서는 유머를 일상화하는 것이 좋다.

실습활동 1.1:

다음 문장들의 맞고 틀림을 판단하고, 틀린 경우엔 옳은 문장으로 고쳐라.

1. 창의적이라는 것은 완전히 새로운 것을 생각해냄을 말한다.
2. 가치있는 것을 만들어내기에 충분한 지식은 전문가들만 갖고 있다.
3. 천부적으로 타고난 극소수의 사람들만 창의적이다.
5. 창의적인 사람들은 괴상하며, 정신상태가 비정상적이다.
5. 당신이 진정으로 창의적 재능을 가지고 있다면, 누군가가 당신을 알아볼 것이다.
6. 창의적인 아이디어는 마술과 같이 완벽하다. 그것에 대해서 더 해야 할 것은 없다.
7. 창의적 사고는 훌륭하지만 비현실적이다.
8. 창의성은 복잡한 기술이나 고도의 기술(하이테크)을 의미한다.
9. 최선의 방법과 발명들은 벌써 성취되었다.
10. 40세를 넘은 사람들은 너무 나이가 들어서 창의적이 되기 어렵다.
10. 남자들만 창의적인 천재들이다.
11. IQ가 높은 사람들만 창의적일 수 있다.

1.4.3 습관장애

우리가 창의적인 사고를 하지 못하는 원인 중 하나는 잘못된 사고의 습관을 가지고 있기 때문이다. 이들 사고의 습관이 어떤 것인지를 다음의 실습활동을 통하여 알아보도록 하자.

실습활동 1.2: 상징 문제

다음 도형 가운데서 그 외의 것들과 구별이 되는 도형을 원으로 표시하라.
그리고 선택한 이유를 설명하라.

a. □ b. ⌘ c. ◆ d. ┼ e. ▲

이유;

습관 1 **정답은 오직 하나다.**

앞의 [실습활동 1.2]에서 정답이 유일 했는가? 만약 서로 다른 답이 존재한다면 왜 이런 결과가 나온 것일까? 학교에서 풀던 문제는 거의 대부분 유일한 정답을 갖는 것들이었다. 그러나 일상생활에서 부딪치는 문제들은 정답이 없을 수도 있고 정답이 여러 개일 수도 있다. 창의적인 문제 해결을 위해 정답이 유일하다는 생각을 버려야 한다.

다른 사람이 제시한 해결안도 또 다른 정답으로 인정하고 수용하는 마음가짐이 필요하다. 만약 정답이 유일하다는 가정을 그대로 가지고 있으면 처음 제안된 해결안에 안주하여 진정한 해결안에 다다르지 못할 것이다.

실습활동 1.3: 격자 문제 (1분 활동)

그림에서 정사각형을 몇 개 보았는가?

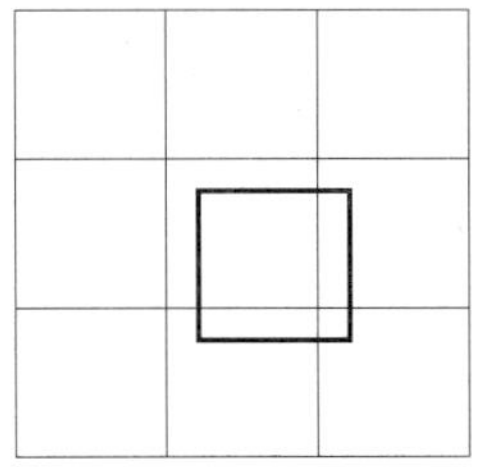

습관 2 상황을 고려하지 않고 문제를 푼다.

[실습활동 1.3]에서 정사각형을 몇 개 보았는가? 정사각형 17개를 찾아낼 수 있는가? 이것이 정답인가? 우리는 문제의 배경을 무시하고 문제를 생각하기 쉽다. 그러나 우리가 풀어야 할 문제들은 모두 문제 발생의 배경을 가지고 있고, 상황에 따라 답이 달라지는 경우가 많다. 위의 문제도 문제의 범위를 사각형 그림에서 조금 더 넓혀 보면, 문제 중에 글자 "정사각형"이 또 하나 보인다. 즉 정사각형은 18개인 것이다. 만약 이 사각형 그림이 정육면체 블록을 쌓아놓은 것을 위에서 본 그림이라면 우리는 이 블록을 옆에서 봄으로써 무수히 많은 정사각형을 찾을 수 있을 것이다. 따라서 우리는 문제를 배경과 연관시켜서 생각하는 습관을 길러야 한다.

실습활동 1.4: 미로 문제(maze problem) (1분 활동)

A에서 B까지 가는 길을 그려라.

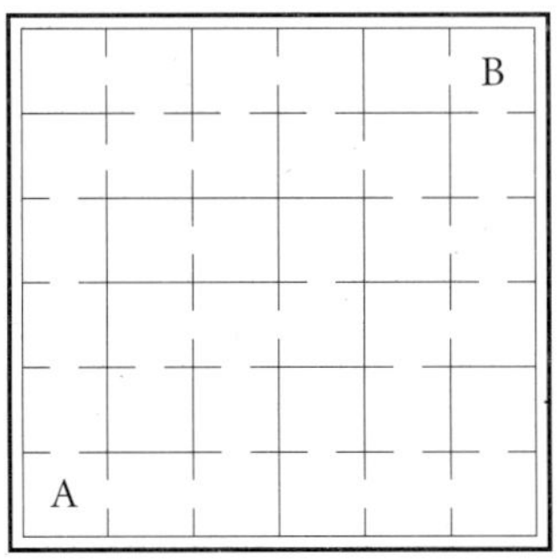

습관 3 **무의식적으로 관례를 따른다.**

여러분은 이와 같은 퀴즈를 풀어본 경험이 있을 것이다. 그림 속의 A에서 시작하여 벽 사이로 난 틈을 잘 통과해서 B까지 가는 길을 찾았는가? 그 길이 유일한 정답인가? 다른 대안은 없는가? 이 문제에서 요구하는 것은 "A에서 B까지 가는 길을 그려라" 는 것이다. 그러나 여러분들은 이 문제를 풀면서 "길이 사각형 안에 있어야 하고, 벽 사이로 난 틈을 지나가야 한다"고 무의식적으로 이미 가정했다. 이 가정은 여기서 요구되지 않았지만 여러분 스스로 만들어서 다른 창의적인 해결책을 포기한 것이다. A와 B를 직선으로 연결한다든지, 사각형을 벗어나서 연결한다든지, 종이를 접어서 A와 B를 맞댄 후 연필로 종이를 뚫어서 연결하는 등의 해결책을 포기한 것이다. 또한 문제의 범위를 조금 더 넓히면 문제를 정의하는 문장 속에 있는 A와 B 사이를 연결한 것도 답이 될 수 있다.

실습활동 1.5: 점 문제 (1분 활동)

그림에서 당신이 볼 수 있는 것은 무엇인가?

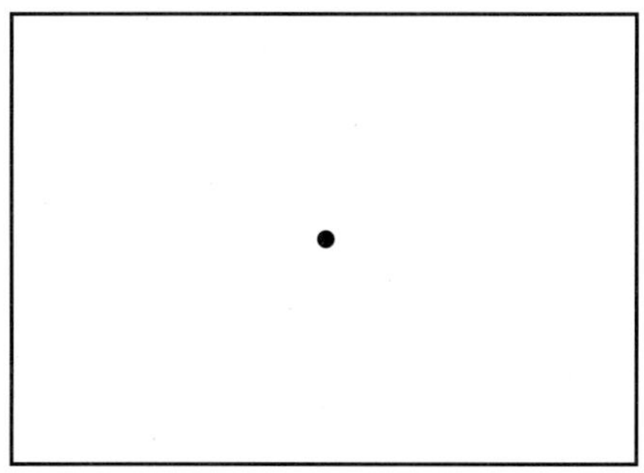

1.4.4 태도와 감정 장애

장애 1 **부정적 비관적 사고**

여러분 중 대부분은 [실습활동 1.5]에서 흰 바탕에 있는 점을 보았을 것이다. 그러나 사각형의 대부분은 흰 종이이고 검은 점은 0.1%도 차지하고 있지 않다. 사람들은 다른 사람들의 많은 장점에는 눈길을 주지 않고 몇 안되는 단점에는 비난을 서슴치 않는 경향이 있다. 이러한 부정적 사고와 상대방을 기죽이는 야유는 개인의 창의적인 사고를 저해할 뿐만 아니라, 주위 사람들에게 악영향을 미치기 때문에 반드시 버려야할 습관이다. 한번 비난하기 전에 칭찬을 더 많이 해라. 부정적 사고는 건설적 불만과는 다르다.

장애 2 실패를 두려워 함

회의 중 새로운 아이디어가 떠올랐을 때, 많은 사람들이 야유나 비난을 받을까 두려워서 발언을 하지 않는 경우가 많다. 실패에 대한 두려움 때문에 어떤 새로운 것을 시도하는 것을 포기하는 경우이다. 창의적인 사람이 되기 위해서는 처음에 실패하더라도 계속 새로운 것을 시도하는 용기가 필요하다. 또한 새로운 것에 익숙해 질 때까지 배우는 끈기가 필요하다. 이러한 용기에는 열심히 공부하는 것, 친구의 유혹에 저항하는 것 등도 포함된다. 하나의 창의적인 아이디어가 실현되기까지는 많은 실패가 있을 수 있고 많은 비난을 받을 수 있다. 마치 거북의 등껍질이 적의 공격으로부터 거북을 보호하듯이 실패와 비난의 어려움을 꿋꿋이 극복할 수 있는 용기와 끈기가 필요하다. 또한 우리는 실패로부터 많은 것을 배울 수 있다. '포스트 잇' 이나 '에디슨의 전구' 는 많은 실패를 거친 후 개발에 성공한 것이었다. 즉, 여러 번의 실패에도 좌절하지 않고 결국에는 성공에 이르게 된 것이다. 학과목의 프로젝트에서도 실패를 많이 한 학생들이 더 창의적인 결과를 내는 경향이 있다. 아무런 시도를 하지 않아서 실패가 없는 학생(couch potato)보다는 시도를 많이 하고 많은 실패를 한 사람이 더욱 창의적인 결과를 나타내는 것이다. 수많은 시도를 하면 실패의 기회가 증대되지만, 성공의 기회도 증대되고 그 과정에서 무엇인가를 배우게 된다.

장애 3 애매한 것을 불편해 함

실생활에서 부딪치는 문제들은 학교의 시험문제처럼 깨끗하게 만들어지고 명확하게 정의된 문제들이 아니다. 실생활의 문제들은 아주 애매한 상황을 포함하는 경우가 많다. 예를 들어서 내년도 제품 판매량에 기초하여 문제의 해결책을 제시해야

하는 경우에 현재 확보한 데이터를 최대한 활용하여 내년 제품 판매량에 대한 최선의 예측을 할 수 밖에 없다. 이 예측치가 맞는지 틀린지는 내년이 지나봐야 알 수 있는 것이다. 그러나 이러한 현재의 애매모호한 상황에서도 판단을 해야하고 그에 따라 해결책을 제시해야 하는 것이다. 이러한 애매한 문제를 풀 때는 문제의 전제를 가정하여 문제를 풀어야 한다. 이에 대한 훈련이 안되어 있기 때문에 많은 사람들이 당황하고 이런 문제를 회피하려고 한다. 그러나 이런 애매한 상황과 아이디어가 창의적 사고의 원천이 된다. 서두르지 말고 현재 상황을 다각도로 바라보면 더 많은 아이디어가 나올 수 있다. 더 많이 질문하고 무의식이 애매함을 처리할 기회를 주도록 해야 한다.

역설적 사고는 애매한 상황을 불러 일으켜 창의적 사고와 발명에 이르게 한다. 예를 들면,

" 누구든지 제 목숨을 구원코자 하면 잃을 것이요, 누구든지 나를 위하여 제 목숨을 잃으면 찾으리라.(마태복음 16:25)"

"죽고자 하면 살 것이요, 살고자 하면 죽을 것이다.(충무공 이순신)"

"깨어지지 않는 사기그릇"

"물이 스며들지 않는 스펀지"

등이 있다.

1.4.5 창의적 사고 훈련

창의성을 가로막는 심적장애를 극복하고 창의성을 증진시키기 위한 사고(thinking) 훈련 방법으로는 다음과 같은 것이 있다.

훈련 1 모순

몇 분 동안에 모순되는 문장들을 몇 개 만들어보아라. 모순은 양립되지 않는 서술이다. 당신이 만든 모순 내용을 소재로 자유롭게 이야기를 나누어보아라. 예를 들면,

- 따뜻한 얼음
- 깨지지 않는 유리잔
- 말랑말랑한 돌
- 조용한 천둥
- 작은 거인
- 오래된 미래

등이 될 것이다. 만약 마지막 세 가지가 책의 제목이라면, 이 책들은 무엇에 관한 내용이 될까? 당신은 모순을 쓰는 것이 효과적인 상황을 알아낼 수 있는가? 발목이 삔 곳에 "따뜻한" 얼음을 사용함으로써 살갗이 얼지 않고 차가운 성질을 사용할 수가 있다면 이는 대단한 일이 아닐까?

훈련 2 정의와 표어

창의적 사고를 증진시키기 위해서 몇 개의 표어를 작성해보아라. 특별히 좋은 것을 하나 골라 카드에 적어서, 차의 계기판, 목욕탕 거울, 냉장고 문, TV 위 등과 같이 자주 볼 수 있는 곳에 그것을 놓아라.

훈련 3 실패에서 배우기

당신이 "수업을 하면서" 실수를 저질렀거나 또는 최초의 실패가 성공의 디딤돌로 사용된 사건을 설명해 보아라. 가능하면 유머나 만화를 포함시키도록 하라.

훈련 4 긍정적 사고

나쁜 상황을 긍정적인 결과로 변환시키는 가상의 시나리오를 다섯 개 작성하라.

- 어떤 사람이 베트남 여행 중에 뱀에 물렸다.
  → 그때 그를 구해준 베트남 처녀는 아주 친절하고 헌신적이었다.
  → 그들은 결혼했다.

훈련 5 **"만약 이렇다면(what-if)" 질문**

"만약 이렇다면" 질문을 몇 개 재미있게 만들어보아라.

- 만약 수송수단이 고도로 발달해서 자동차와 고속도로가 무용지물이 된다면?
- 만약 컴퓨터 바이러스를 감당할 수 없게 되어서 컴퓨터들을 사용할 수 없게 된다면?

당신은 각각의 질문에 대해서 무슨 일이 일어날 것인가에 대한 아이디어를 10개 이상 도출할 수가 있는가?

1.5 지능모형

준비활동 1.4 : 다음의 짧은 글을 읽고, 지능의 특성에 대해 논의해보자. (송길연, 2004)

아주 다른 두 명의 소년이 있었다. 첫 번째 소년은 학업 성적을 포함해서 선생님, 가족, 자신 모두가 똑똑하다고 생각한다. 두 번째 소년은 학업 성적이 뛰어나지 않고 기껏해야 눈치가 빠르다거나 현실 감각이 좋다고 할 정도에 불과하며 그를 똑똑하다고 생각하는 사람이 별로 없다. 이들 두 소년이 숲 속을 걸어가다가 큰 문제에 봉착했다. 몸집이 크고 매우 굶주린 회색 곰이 그들을 향해 달려오는 것이었다. 첫 번째 소년은 그 곰이 30초 이내에 그들을 따라잡을 것을 알고 공포에 빠졌다. 두 번째 소년은 침착하게 신발 끈을 조이고 있었다. 첫 번째 소년이 친구에게 물었다. "너, 미쳤니? 우리는 저 곰보다 더 빨리 도망갈 수 없어!" 두 번째 소년이 대답했다. "그건 맞아. 그렇지만 난 너보다 더 빨리 달리기만 하면 돼."

예상결과: 두 소년은 모두 똑똑하다. 다만, 똑똑한 방식이 다를 뿐이다. 첫 번째 소년은 자신이 갖고 있는 분석적 지능을 발휘하여 문제를 분석했다. 그러나 그것이 지능적인 그가 할 수 있는 것의 전부였다. 두 번째 소년은 문제점을 파악했을 뿐만 아니라 창조적이고 실천적인 해결안을 마련했다.

1.5.1 다중 지능

스턴버그(1997)에 의하면 지능은 분석적 지능(통상적인 IQ에 해당) 뿐만이 아니라, 창조적 지능, 실천적 지능의 세 가지 측면의 사고를 잘해 내는 능력이다. 분석적 측면은 문제를 분석하고, 창조적 측면은 해결해야 할 문제를 결정하고, 실천적 측면은 문제에 잘 적응하고 해결안을 실제로 잘 만들어낸다. 종래의 지능검사는 이 세 측면 가운데서 주로 분석적 측면에만 치중되어 있으며, 나머지 두 가지 측면은 고려하지 않고 있지만, 성공적인 삶을 위해서는 매우 중요한 능력이라고 볼 수 있다. 이러한 세 측면은 서로 독립된 기능이므로 학교에서 분석적 지능만 개발시킬 것이 아니라 실천적 지능과 창조적 지능 또한 개발시킬 필요가 있다.

그림 1.4
세 가지 지능–스턴버그

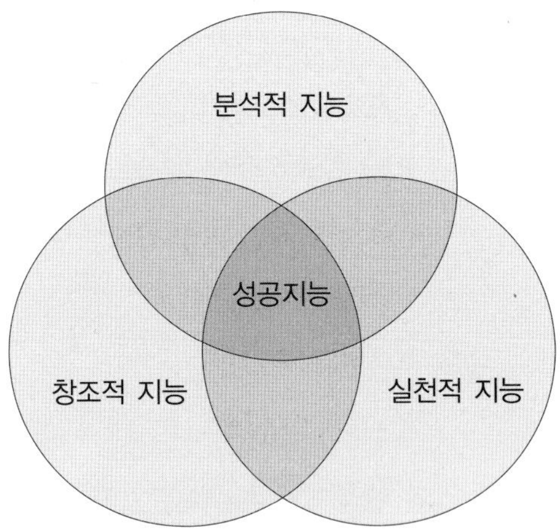

한편, 가드너(문용린, 2007)는 지능을 "언어/논리수학/음악/신체운동/공간/대인관계/자성/자연" 지능으로 구분한다. 그에 따르면, 사람들은 똑같이 태어나지 않으며, 지능 또한 모두 다르다. 이 8가지 지능을 간략히 설명하면 다음과 같다.

- **언어 지능 ;** 구어와 문어에 대한 민감성, 언어 학습 능력, 특정한 목표를 달성하기 위한 언어 활용 능력 등을 포함 (법률가, 웅변가, 작가, 시인; 셰익스피어, 디

킨슨 등)

- **논리 수학지능 :** 문제를 논리적으로 분석하고, 수학적 조작을 수행하고, 과학적인 방법으로 문제를 탐구하는 능력 (수학자, 논리학자, 과학자; 뉴턴, 스티븐 호킹 등)
- **음악지능 :** 연주를 하거나 음악적 양식을 이해하고 작곡하는 기술들을 수반함, 언어 지능의 구조와 비슷 (베토벤, 모차르트 등)
- **신체 운동 지능 :** 문제를 해결하거나 사물을 아름답게 꾸미기 위해서 몸 전체나 일부분을 이용하는 능력 (무용가, 배우, 운동선수, 기능공, 외과의사; 알리 등)
- **공간 지능 :** 좁은 공간뿐만 아니라 항해사나 비행기 조종사들이 경험하는 넓은 공간을 인지하고 다루는 잠재력 (조각가, 외과의사, 바둑 기사, 그래픽 아티스트, 건축가; 미켈란젤로 등)
- **대인관계(interpersonal) 지능 :** 타인의 욕구와 동기, 의도를 이해하고 타인과 효과적으로 일을 할 수 있는 능력 (판매원, 교사, 임상가, 종교, 정치 지도자; 간디 등)
- **자성 (intrapersonal, 自省) 지능 :** 자신을 이해하고 자신의 욕망, 두려움, 재능 등을 잘 다루어 효율적인 삶을 살아갈 수 있는 잠재력 (테레사 수녀 등)
- **자연 지능 :** 자신이 살아가고 있는 환경의 동식물군을 비롯한 방대한 종들에 대한 인식과 분류에 탁월한 전문 지식과 기술을 말함 (환경학자, 동식물 연구가, 조류학자; 다윈, 윌슨 등)

실습활동 1.6 : 자신은 위에서 말한 다음과 같은 지능 중 어느 지능이 발달되어 있는지 생각해보자.

- 성공 지능
- 8가지 다중 지능

1.5.2 지능모형과 HBDI 특성도표

1) 허만 지능모형이란

지능모형은 사고를 돕는 훌륭한 도구이다. 조직에서 지능모형이 이해되고 공유될 때, 의사소통과 팀웍이 증대될 수 있고, 지식창출과 혁신이 가속화되며, 학습과 정보관리의 향상이 기대된다. 여기서는 허만(Herrmann)의 지능모형을 살펴보자.

네드 허만(Ned Herrmann(김병선, 2009))은 사고 선호도에 따라 문제해결 방법, 창의성, 다른 사람과의 의사소통 방법 등이 달라짐을 관찰하여 두뇌를 4개의 사분면으로 비유하며, 각 개인은 하나 이상의 우성을 가진다고 한다.

이 지능모형은 두뇌를 2가지, 왼쪽 두뇌(좌뇌)와 오른쪽 뇌(우뇌)로 구분한 다음에 이를 위 아래로 나누어서 좌우 대뇌반구와 좌우 대뇌 변연계로 구분하고 있다. 즉, 좌뇌에서 왼쪽 대뇌반구(A)와 왼쪽 대뇌 변연계(B)를, 그리고 우뇌에서 오른쪽 대뇌반구(D)와 오른 쪽 대뇌 변연계(C)로 구분한다.

허만 두뇌우성 이론에 의하면, 우성 유형에 따라 학습이나 문제해결 방법 다르며, 우성 유형이 반대인 사람은 서로 의사소통을 하거나 상대방을 이해하는데 큰 어려움을 느낀다.

그림 1.5
허만 두뇌 사분면의 특성

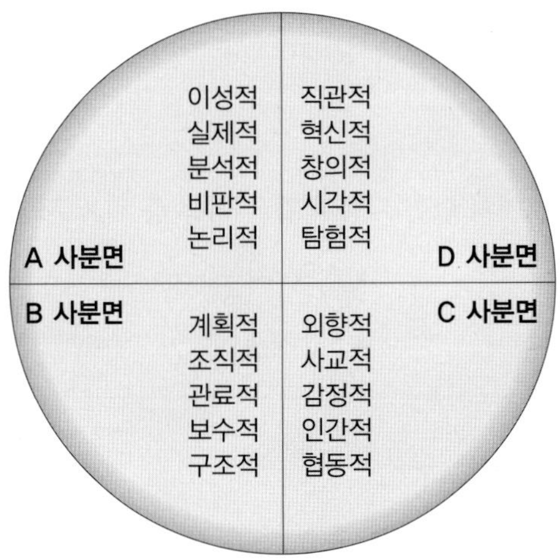

두뇌우성 분석도구- HBDI(Herrmann Brain Dominance Instrument) 특성도표는 다음과 같은 특징을 갖는다.

- 개인이나 집단이 갖고 있는 우성의 정도를 일목요연하게 보여줌
- 어떤 임의의 사분면의 점수와 위치에 따라서, 가장 안쪽에 있는 경우(그 사고방식에 관해서는 낮은 우성(회피성)을 보임), 중간에 있는 경우(그 사고방식을 사용하는 것이 편안함), 가장 바깥에 있는 경우(강한 우성을 나타냄)로 구분할 수 있다.

실습활동 1.7 : 두뇌 선호 사례 조사 :

❶ 4분면 각각에 대하여 대표적인 주변 인물 사례를 소개해보아라.

❷ 부록 A.0의 설문지를 응답한 후, 두뇌 사분면에서 자기 자신이 우성인 사분면(들)은 무엇인가 파악해보아라.

그림 1.6
HBDI 특성도표의 예
(팀원을 겹쳐서 표시)

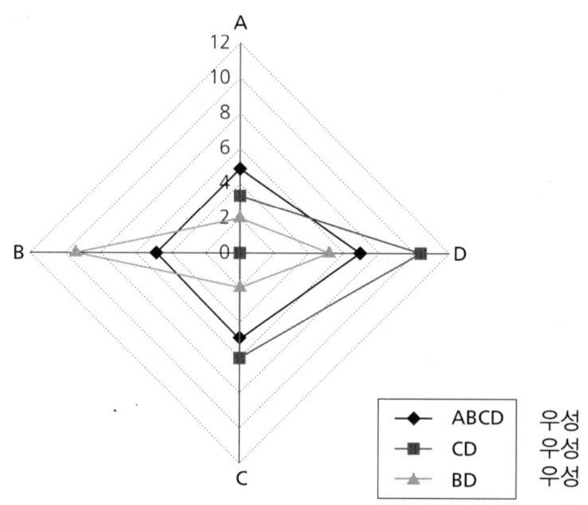

패러다임 변천의 관점에서 최근 40년 동안의 성공한 사람들의 사고선호도 경향의 평균변화를 보면, 60년대에는 B사분면을 선호하였고, 70년대에는 A사분면을, 80

년대에는 D사분면을, 90년대에는 C와 D사분면을 선호하는 변화를 나타내고 있다. 이러한 추세를 보면 앞으로 C사분면과 D사분면과 관련된 소양과 능력을 더욱 강조할 것으로 예상된다.

다중우성 (총뇌) 사고를 활용함으로써 학습 효율이 향상될 수 있다. 다음은 각 사분면을 활용한 학습방법이다.

A 사분면 강의와 교과서에 의한 근거로부터 배우는 소위 외부학습	**C 사분면** 통찰력이나 시각화, 합성, 총체적이고 직감적인 개념의 이해에 의한 내부학습
B 사분면 방법적이고, 배운 것의 단계적 시험, 기술을 향상시키기 위한 연습과 반복에 의한 절차적인 학습	**D 사분면** 구술적 피드백과 격려로 시도와 실패를 반복하며 얻은 감각적 경험과 토의에 의한 상호작용에 의한 학습

그리고, 엔지니어와 각 사분면의 관계는 다음과 같다. 이를 보면 엔지니어는 모든 사분면을 활용할 필요를 알 수 있다.

A 사분면 엔지니어 : 보통의 엔지니어	**C 사분면 엔지니어 :** 판매, 교육과 훈련, 기술적이지 않은 청중을 위한 기술지침 작성, 고객관리, 사용자에게 친숙하고 환경 친화적인 제품
B 사분면 엔지니어 : 경영, 안전성과 품질관리	**D 사분면 엔지니어 :** 사업가나 발명가 혹은 개념 설계자

생산적인 팀을 만들기 위해서는 두뇌우성 특성에서 A, B, C, D 모든 유형을 가진 사람이 포함되도록 구성될 필요가 있다. 그리고 원활한 의사소통을 위해서는 A, B, C, D 두뇌 유형에 따른 특성을 고려할 필요가 있다.

참고문헌

송길연(2004), 성공지능 가르치기, 시그마 프레스, 서울(원저: R. J. Sternberg, Teaching for Successful Intelligence)

문용린(2007), 다중지능, 웅진지식하우스, 서울(원저: Haward Gardner, Multiple Intelligence)

김병선(2009), 홀 브레인 리더십, 이너북스, 서울(원저: Ned hermann, Whole Brain)

Memo

CHAPTER 02

팀웍(teamwork)

개요

학습목표	팀워크의 중요성을 인식하고 팀워크 능력을 배양		
주제	**이론제시**	**실습활동**	**응용 및 토의**
팀워크 개요, 팀 개발방법, 팀 운영방법	• 팀워크의 정의 및 중요성 • 팀 및 팀원 개발 방법 • 팀 및 회의 운영 방법	• 팀워크 이해도 측정 • 팀 규칙 및 팀원의 임무규정문 작성 • 회의록 작성	• 작성된 회의록 비평 및 개선방법에 대한 토의
과제	팀 규칙 및 팀 회의록		

2.1 팀웍의 중요성

준비활동 2.1 : 올스타팀과 단일팀 간의 경기 (5분 활동, 5분 발표)

올스타팀과 단일팀이 축구 경기를 했을 때, 올스타 팀이 항상 승리하지는 못하는 이유에 대하여 생각해보고 팀 별로 토론해 보자. 토론 후 올스타팀이 패하는 이유를 5가지 이상 나열하라.

2.1.1 팀웍의 중요성

수요자의 제품에 대한 요구사항이 다양해지고 제품수명 주기도 짧아짐에 따라 제품생산의 전 공정에 관련부서 간의 의견을 조율하고 유기적 협력관계를 증진시키기 위해 대부분의 기업이 어떠한 형태로든 팀을 운영하고 있다. 아울러 팀 성공을 좌우하는 팀웍의 중요성은 시간이 갈수록 커지고 있다. 유수한 자동차 회사 중 한 곳의 엔지니어링 부문 신입 사원 선발 과정을 보면 팀원의 다양성과 팀웍의 중요성을 새삼 느낄 수 있다. 그 회사가 28명의 신입사원을 선발한다고 하면, 28개 대학에서 한 명씩만 뽑는다고 한다. 동일 대학 졸업생들은 장기간에 걸쳐 교육을 받았기 때문에 문제를 인식하는 관점이나 문제 해결 방식이 비슷하다고 하며, 다양성을 요구하는 수요자의 욕구를 충족시키는 데에 부족하다고 한다. 따라서 아무리 명문대 졸업생이 많이 지원하여도 한 대학에서 두 명 이상 뽑지 않는다. 이렇게 기업이 정책적으로 여러 대학의 졸업생을 원하는 이유는 다양한 관점과 사고력 및 다방면의 능력과 소양을 얻고자 하기 때문이다. 팀은 단순한 개인의 집합체가 아니다. 팀은 공동의 목표를 이루기 위해 개인의 역할을 팀웍을 통하여 극대화시키려고 노력한다. 따라서 팀원의 임무 간에는 상호 관련성이 깊고 팀원의 책임 있는 행동을 통해 팀 전체의 목표가 성취된다. 효율적인 팀이 되기 위해서는 구성원들이 자신들의 특별한 재능과 능력을 발휘할 수 있는 기회를 가져야 한다. 팀의 목표는 구성원 각자에게 또한 전체 조직에도 도움이 되어야 한다.

컴퓨터 및 인터넷 발달에 따른 지식과 정보량의 증대는 기업체들에게 엄청난 양의 정보를 수집하고 분석 정리하여 각자의 목적에 알맞게 활용할 것을 요구하고 있다. 이러한 시대적 상황에서는 과제를 단독으로 수행하기는 불가능하고 팀을 구성하여 효과적인 팀웍을 통해 과제를 수행해야 한다. 급변하는 소비자의 기호를 맞추어야하는 21세기 기업 환경을 고려해 볼 때 다양한 제품을 빠른 시간에 생산하는 것이 기업경쟁력의 척도가 되고 이는 다양한 구성원의 팀웍에서 나온다고 볼 수 있다. 이와같이 현대공학에서 팀웍의 중요성이 매우 크기 때문에 한국공학교육인증원(ABEEK)의 인증기준에 졸업생이 갖추어야하는 학습성과로 팀웍능력이 포함되었다. 팀웍을 통해 제품개발 기간을 단축하고 소비자 기호에 맞는 제품을 만드는 방법으로 동시공학(concurrent engineering)이 강조되는 이유이다.

동시공학이란 수요자 요구분석에서 제품생산의 모든 과정에 관련부서의 전문가들로 구성된 TFT(task force team)를 구성하여 진행시키는 개념이다. 소비자의 만족도를 높이고 제품개발 시간을 단축하기 위해서 기업체에서 동시공학을 많이 시행하는데 이러한 과제수행팀에는 다양한 부서의 사람들이 팀원으로 참여하므로 팀웍이 매우 중요하게 된다. 전통공학적 방법에서는 소비자의 요구가 생산 전 공정에 반영되기 어렵다. 마케팅 직원은 "소비자가 원하는 것이 무엇인가?"를 조사하여 소비자 요구사항을 작성하여 제품 설계사에게 전달하며 설계사는 그 사항에 맞추어 설계한 후 설계도를 생산부서에 전달한다. 이러한 과업수행방법에서는 각 부서의 활동이 타부서 및 직원 간의 유기적인 상호작용 없이 각 부서가 독자적으로 작업을 수행한다. 따라서 생산된 상품의 형태나 가격 등에서 소비자의 요구를 만족시키지 못하게 될 가능성이 크다. 동시공학에서는 제품개발의 모든 단계에 각 분야의 전문가뿐만 아니라 소비자와 원자재 공급자들까지도 팀원으로 동시에 참여하게 되어 전통공학에서 생기는 시행착오를 줄일 수 있다.

그림 2.1
동시공학

2.1.2 팀활동의 장단점

다른 사람의 아이디어를 보거나 듣는 것은 우리에게 더 많은 아이디어(새로운 아이디어, 결합된 아이디어, 또는 이전에 언급된 아이디어를 개선한 것)를 얻게 해준다. 따라서 팀의 장점은 팀 활동에 의한 사고의 상호작용으로 더 많은 아이디어를 창출하는 것이다. 비록 소모시간의 관점에서는 개인 브레인스토밍을 통한 개인적인 아이디어 창출노력이 더욱 능률적일 수 있지만 팀 단위 브레인스토밍의 생산성은 아이디어 상호작용 및 시너지 효과 때문에 개인 브레인스토밍보다 더욱 효과적이다.

팀의 또 다른 장점은 문제해결에 이용할 수 있는 확실한 정보와 함축된 경험의 양이다. 화학, 물리학, 컴퓨터공학, 또는 전기공학과 같은 모든 분야를 완벽하게 아는 사람은 거의 없다. 제임스 왓트는 증기기관을, 알렉산더 벨은 전화를 발명했다는 것을 우리는 알고 있지만 보잉 747기를 발명한 사람에 대해서는 잘 알지 못한다. 그 이유는 그 비행기가 여러 팀의 엔지니어들에 의해 만들어졌기 때문이다. 또한, 발명 특허의 90%는 완전히 새로운 제품을 위한 것이 아니라 기존의 특허를 개선하는 것이다. 대부분의 발명가들은 고립된 분야에서 혼자 일하는 것이 아니라 다른 사람들의 아이디어 위에 무엇인가를 더한다. 현대사회의 폭발적인 지식 확장은 어느 한 개인이 어떤 문제에 관한 모든 자료를 이해하는 것을 불가능하게 한다. 이것이 문제해결에 팀이 자주 사용되는 이유이다. 또한 함께 일하는 여러 사람들의 다양성이 편견에 의해 생긴 문제점을 보완할 것이고 따라서 더 적절한 판단을 내리게 한다. 팀 이용의 장단점을 요약하면 [표 2.1]과 같다.

표 2.1
창의적 문제해결을 위한 팀 이용의 장단점

장점
1. 서로 다른 전문성과 사고능력을 갖춘 팀 구성원들로부터 문제해결을 위해 더 많은 종류의 지식을 활용할 수 있다.
2. 구성원들이 서로 긴밀히 협조하게 하여 더욱 창의적이고 더 나은 해결책에 도달하도록 한다.
3. 어느 특별한 문제에 최선의 해결책이 있다면, 팀을 통해 그 해결책을 발견할 가능성이 높다. 팀은 기회포착과 더 큰 모험을 감행하는 장점이 있다(따라서 혁신을 일으킬 가능성을 증가시킨다).

4. 일반적으로 문제해결과 결정과정에 참여한 구성원들의 해결책은 어느 개인에 의해 개발된 해결책보다 구성원에 의해 흔쾌히 받아들여진다.

단점

1. 문제해결뿐만 아니라 팀 개발을 위한 노력과 전체 팀원의 참여 시간이 필요하기 때문에 막대한 투자가 필요하다.
2. 일반적으로, 팀에 의한 처리방식은 많은 아이디어를 창출하기는 하지만 그것들 중 몇 개만이 정말로 좋은 해결책이므로 비효율적이다.
3. 그룹이나 팀을 형성하는 구성원이 다른 구성원과 잘 어울리지 못할 수도 있다. 해결되지 않는 분쟁, 부정적 감정, 때로는 때문에 팀 구성원들이 다양성에 대한 가치를 인정하지 않거나 창의적인 윈-윈(win-win) 결과를 개발하지 않는 한, 팀의 창의적 아이디어를 감소시킬 수 있다.
4. 팀은 "집단사고" 현상에 빠질 수 있다. 팀은 극도의 동질감을 보이거나 동료간에 압박감을 느낄 수 있다. 독립적인 아이디어가 용납되지 않고, 팀 구성원들은 리더나 지시자들을 두려워하게 될 수 있다.

실습활동 2.1: 팀웍 이해도 측정 (10분 활동 및 토의)

다음의 팀웍 이해도 측정 질문에 각자 답하고 자신이 팀웍에 대하여 잘못 이해하고 있던 점에 대하여 주변에 있는 사람들과 토의하고 토의 내용을 발표하라.

표 2.2
팀웍 이해도 측정

	예	아니오
1. 팀의 목적은 개인을 향상시키고 모든 멤버들이 그들의 가능성을 성취하도록 돕는것이다.	_____	_____
2. 효율적인 팀은 프로젝트에 대해 잘 모르는 사람은 포함하지 않는다. 모든 멤버는 그 프로젝트나 문제 해결의 전문가들이다.	_____	_____
3. 사람들이 자신의 팀을 선택한다면, 팀 멤버들은 일반적으로 유사한 사고방식을 가질 것이다.	_____	_____

	예	아니오
4. 일단 한 사람이 다양한 사고방식을 갖는 팀에 어떻게 참여하는지를 배우고 나면 그 능력은 다른 어떤 팀에서도 잘 발휘하게 된다.	____	____
5. 사람들이 어느 한 프로젝트에 함께 참여여 일하면 팀웍은 저절로 생긴다.	____	____
6. 잡담이나 친목 활동은 팀 개발에 중요하지 않다. 시간과 노력을 필요로 한다.	____	____
7. 효율적인 팀에서 갈등은 발생하지 않는다.	____	____
8. 개인에 의한 개인의 성취는 팀의 종합적 성취보다 더욱 중요하다.	____	____
9. 팀장은 회의를 많이 할수록 좋다.	____	____
10. 팀 리더는 팀 멤버보다 중요하다.	____	____

2.2 팀원의 역할

2.2.1 팀원의 특성 및 팀 기술

창의적 문제해결을 위해 팀 구성원이 갖추어야 하는 특성은 [표 2.3]과 같다. 팀 효율을 극대화하려면 팀원은 기본적으로 8가지의 팀 기술을 습득하여야 하는데 이는 [표 2.4]에서 설명하는 바와 같이 적극적 활동성, 신뢰성, 참여도, 능동적 의견청취, 지도력, 의사소통에 유용한 피드백 및 책임감을 의미한다. 비록 그러한 개인의 능력은 평생 동안 개발하여야 하는 것이지만, 그 능력을 배양하기 위해 몇가지 노력을 한다면 좋은 결과를 얻을 수 있다. 팀 전체의 효율을 극대화하는 8가지 기본적인 팀 기술을 [표 2.4]에 요약하였다. 이 기술들을 잘 이해하고 여러분이 얼마나 잘, 그리고 얼마나 자주 그 항목들을 실천하는지 자신을 평가하고, 만약 어느 한 항목이 여러분이 거의 사용하지 않거나 취약한 것이면 앞으로 꾸준히 연습하여 팀기술 향상을 위해 지속적으로 노력해야 한다.

표 2.3
창의적인 팀이 가지고 있는 특성

- 지성: 높은 지적 수준
- 새로운 생각에 대한 열린 자세
- 배우고자 하는 열정
- 문제 및 관련 분야에 대한 전문성
- 문제 관련분야 이외의 다양한 경험, 아이디어를 창출하는 능력
- 독창성, 임기응변
- 다양한 관심, 다중전공 모호함에 대한 인내력
- 사고의 탄력성
- 가정(assumption)을 확인하려는 의지
- 위험을 감수할 의지, 실패를 두려워하지 않음
- 자기훈련, 강한 직업윤리, 헌신, 판단을 늦출 수 있는 여유
- 참을성과 집중력 호기심, 상상력, 창의력, 비상한 재치, 연구력, 비전
- 소비자 및 동료들과의 대화능력과 솔직한 토론능력
- 유머 및 충동성
- 미적관심, 정교함에 대한 이해
- 자신감과 자부심, 동기유발
- 다양한 접근방식을 고려하고자 하는 의지와 명확한 것에 대한 추구 열정과 에너지

표 2.4
8가지 팀 기술

기술	어떻게 발휘되고 어떠한 형태로 표출되나?	
	개인적 측면	팀에 대한 측면
적극적 활동성	팀 성공에 나도 개인적으로 책임을 지겠다.	무슨 대가를 치르든 우리는 하나다.
신뢰성	맡은 일은 끝까지 해낸다	다른 팀원을 신뢰한다.
참여도	토의에 적극적으로 기여하고 리더와 조직의 업무 부담을 나누어 가진다.	정해진 시간에 회의에 참석하고 또 공헌 한다.
능동적 의견 청취	먼저 남을 이해하고 내가 이해받으려 한다. 남의 의견에 주의를 기울이며 중간에 가로막지 않는다.	팀의 구성원은 이해받는다는 느낌을 갖게 되고 다른 관점을 이해한다.
지도력	나는 다른 구성원들의 개성과 장점을 인정하며 팀의 이익을 위하여 잘 발휘하도록 고무한다.	팀 구성원들은 자신들의 가치를 느끼게 되며 팀을 위하여 최선을 다하게 된다.
의사 소통	나는 개인적으로나 공개적 발표에서나 명확하고 효과적으로 의사 소통을 한다.	개인간의 의사소통은 효율적이 되고 잘못 이해하는것을 피한다.
유용한 피드백	팀 구성원들의 공헌도에서 미흡한 점이나 팀웍을 해치는 행동에 대하여 충고할 때에 존중하는 마음으로 재치 있게 한다.	팀 구성원들은 인정받을 만한 행동에 대해 유용한 피드백을 제공 한다.

피드백 수용과 책임감	나는 다른 구성원의 기분과 관찰사항을 수용, 존중하며 주의 깊게 고려하여 태도를 바꾼다.	팀 구성원들은 피드백을 들을 수 있고 이해할 수 있으며 그들이 배우고 성장할 수 있는 환경에서 그 피드백을 이용 한다.

조직체의 구성원들이 다양한 규모의 팀을 이루어 함께 효율적으로 맡은 과업을 수행할 수 있도록 훈련을 제공하는 방법을 팀 훈련이라고 한다. 팀 구성원 각자 맡은 업무를 잘 수행할 수 있는 능력을 지니고 그것을 잘 발휘할 수 있다면 굳이 팀 전체의 능력을 증진시키기 위한 팀 훈련이 필요 없다고 생각할 수 있다. 팀 구성원 개개인의 업무 관련 능력은 팀 업무수행에 필요하지만 그것만으로 충분하지 않다고 한다. 팀의 업무수행 면에서 개별적 기능 증진을 위한 개인훈련보다 팀 훈련이 대부분 더 나은 결과를 나타냈다고 한다. 팀 훈련은 단결력, 조정력이나 의사소통 능력 등을 증진시키기 위한 훈련으로 그 효과는 업무수행 결과에서도 매우 긍정적인 결과를 나타냈다. 개인의 기량이 아주 훌륭한 올스타 팀이 단일팀에게 경기에서 지는 것을 흔히 볼 수 있다. 이는 각 팀원이 자신의 임무를 성실하게 수행할 줄 아는 팀웍으로 다져진 단일팀이 우수한 개인 능력을 앞세운 올스타 팀보다 더 좋은 성적을 낼 수 있음을 보여준다. 스포츠 팀 훈련으로 팀웍 강화를 위한 합숙훈련을 하는 것을 흔히 볼 수 있다.

2.2.2 팀 개발 단계

팀활동과정에서 예측하지 못한 어려움으로 시련을 당하게 될 때가 있는데 팀활동이 성공하려면 구성기(forming), 시련기(storming), 안정기(norming)를 거쳐서 활동기(performing)에 도달해야 한다. 초기 구성기에 가졌던 열정과는 달리 사소한 일로부터 시작된 시련기를 극복하지 못하는 팀을 살펴보면 대부분의 경우에 팀원의 감정을 고려하지 않고 지나치게 공격적이거나 상대방의 생각을 무시하는데서 비롯된 경우가 많다. 이와 같은 시련기를 극복하고 성공적인 팀으로 발전하기 위해서는 다음 사항을 잘 수행해야한다.

- 팀 구성원 모두가 사고방식 차이를 존중해야함을 이해하는지 확인하라.
- 팀의 운영방식 지침을 명확히 하라.

  예 1: 반대 의견도 우선 긍정적으로 청취하고 이해하려고 노력한다.

  예 2: 상대방의 의견에 동의하지 않을 때는 이유를 명확히 밝혀야 한다.
- 회의 중에는 창의적인 대안을 찾기 위해 다양한 논의를 허용하라. 또 수행방식에 대한 의견과 계획을 수립하기 위한 중점적 토의시간을 허용하라.
- 팀 내에서 다양한 사고방식 때문에 발생할 수 있는 긴장과 분쟁을 완화시키기 위하여 이성적 언어를 사용하라.

부정적 언동에 대한 실제적인 대응 방법은 야구에 비유하여 "삼진 아웃" 방법이 있다. 한 구성원이(일반적으로 경험이 없는 신입 구성원) 두 번의 경고 후에 또 다른 부정적인 언동을 보인다면 그는 팀 미팅에서 제외될 것이다. 왜냐하면 부정적인 언동은 창의적인 사고와 상호신뢰, 팀 구성원들 간의 존중심을 희석시킨다. 팀 리더는 계속적으로 비협조적인 사람을 제외시켜야만 한다. 그러나 "삼진 아웃"은 신중하게 사용되어야 한다. 이 방침은 처음부터 팀 구성원에 설명되어야 하고 기본 행동 원칙의 일부가 되어야 한다.

2.2.3 팀 기본규칙과 구성원들의 임무와 책임

팀 개발에서 제일 먼저 해야 할 일이 팀의 활동규칙을 정하는 것이다. 그 규칙은 팀 구성원들 모두가 동의해야 한다. 이것은 팀원 간의 효율적이고 만족스러운 상호관계를 유지하게 해준다. [표 2.5]는 팀 규칙의 예이다. 이 예에 다른 규칙을 더하거나 삭제하여 여러분의 규칙을 정하는데 이용할 수 있다. 때때로 팀규칙 개정이 필요할 때도 있다. 예를 들면 어느 팀 구성원들이 자주 회의에 늦는다고 하자. 이것은 시간 엄수에 대한 기본 규칙을 재검토하게 하고, 어째서 그 구성원들이 늦는지에 대해 논의하게 하며, 회의 시간과 장소가 적합한지에 대해서 논의하게 한다.

표 2.5
팀 기본 규칙의 예

팀 생산성 향상과 조화를 위하여 우리는 개인으로나 조직으로서 다음의 규칙들이 개정되거나 폐지될 때까지 준수하기로 동의한다.

1. 우리는 존중과 친절로 서로를 대한다.
2. 우리는 합의에 의해 팀 결정을 내리는 데 동의한다.
3. 우리는 팀의 논의사항을 팀 구성원이 기밀사항으로 요청하지 않는 한 팀 외부와 공유할 수 있다.
4. 우리는 정해진 시간에 팀 회의에 참석하기로 동의하며 늦을 경우나 참석할 수 없는 경우에는 미리 회의 주재자에게 알리는 것에 동의한다.
5. 우리는 다음 사항에 동의한다.
   - 할당된 과제를 정해진 시간 내에 완수
   - 정해진 스케줄대로 과제를 완성시킬 수 없으면 미리 팀 리더에게 알림
   - 과제 마감일 회의에 참석할 수 없으면 과제 결과를 어떤 방법에 의해서든지 보냄
6. 우리는 000에서 매주 0요일 00시에 열리는 팀 회의에 참석하는 것에 동의한다.
7. 우리들 각자는 E-mail을 매일 확인하기로 동의하고 팀 관련 과제의 중요한 전개사항은 즉시 팀 구성원들에게 E-mail 또는 휴대전화 문자메시지를 통해 알리기로 동의한다.
8. 우리는 팀장, 서기, 과정 관찰자의 임무를 공유하여 돌아가면서 맡는 것과 매번 회의의 마지막에 다음 회의의 임무를 결정하는 것에 동의한다.

2.3 팀 구성

팀원들은 보통 하나 이상의 역할을 수행하거나, 특별한 한 개의 임무를 교대로 수행할 수도 있다. 그러나 서기와 같은 임무는 매우 중요하여 특정 팀원을 지명하고 지속적으로 수행하도록 하는 것이 교대로 수행하는 것보다 바람직하다. 팀원들이 임무를 돌아가면서 맡든지 아니면 한 가지씩 맡든지 간에 책임소재를 명확히 할 수 있도록 임무들을 명확히 규정할 필요가 있다. 어떤 특정한 임무들은 일(task)의 특성과 전문성을 고려하여 팀원에게 할당될 수 있고 팀 활동이 진행함에 따라 팀원의 능력이 향상될 수 있다. 다음의 기본적인 임무들은 팀원 개인 별로 맡은 일에 관계없이 모든 팀원이 가져야하는 임무이자 소양이다.

1) 팀장

팀의 책임자로서 팀의 과업을 성공시키기 위해 필요한 인적 및 물적 활동을 수행하고, 모든 일을 총괄한다.

- 팀 구성원들의 역할과 책임을 명확하게 한다.
- 팀 규칙과 지침을 작성한다.
- 주요 결정사항과 행동조치를 요약한다.
- 책임을 부여하는 권한을 가진다.
- 팀 회의에 구성원의 한 사람으로 참가해서 자신의 의견을 제시할 수 있다.

2) 서기

팀 구성원의 임무 보고서를 요약하거나 팀의 결정사항을 기록하고, 할당된 임무를 열거하며 요약된 문서를 다음 회의의 의제와 함께 모든 팀 구성원들에게 보내는 일을 한다. 회의에서 서기의 역할은 회의록을 작성하는 것뿐만 아니라 팀원들의 의견을 편집하거나 부연설명하지 않고 시각적으로 잘 보이도록 기록하고, 회의에서 논의 또는 결정된 사항을 정확히 기록하며, 이를 수시로 확인 · 점검하는 것이다. 서기가 훌륭한 역할을 하기 위해서 권장되는 지침은 다음과 같다.

- 올바른 정보를 파악할 필요가 있을 때에는 좀 더 분명하게 이야기하도록 요구하라.
- 핵심 단어와 문구만을 기록하라. 법정의 속기사처럼 모든 단어를 기록할 필요는 없다.
- 임의대로 해석하지 말고, 표현된 단어를 사용하여 기록하라.
- 회의 참가자 모두가 쉽게 볼 수 있도록 플립차트나 화이트보드에 큰 글자로 기록하라.
- 중요 아이디어, 문구, 결정내용, 행동조치에 대해서는 원을 그리거나 밑줄 표시를 하라.
- 정보의 순서와 흐름을 유지하기 위해 모든 차트에 번호를 매겨라.

- 동의하지 않는다고 해서 남의 아이디어나 문구를 삭제하지 말라.
- 회의가 오래 계속되고 전문적인 사항을 다룬다면, 집단 구성원들에게 기록내용을 정기적으로 검토하도록 하라.

2) 촉진자

팀에 부과된 일에 대한 팀의 집중을 유지시키고, 전원의 참여를 유도한다. 토론이 격화될 때 이를 조절하며, 팀원의 의견이 침해되지 않도록 노력한다. 의견이 일치되지 않을 때에는 중립적인 입장을 유지한다. 촉진자는 교통경찰, 심판, 시간기록자의 세 가지 역할을 함께 수행해야 하며, 촉진자의 역할은 4명 이상이 참여하는 팀 또는 회의에서 특히 효율적이라고 한다. 회의에서 촉진자의 역할을 구체적으로 살펴보면 다음과 같다.

- 회의 팀원들이 당면한 쟁점사항에 계속적으로 집중할 수 있도록 한다.
- 팀원 전원이 참여할 수 있도록 유도한다.
- 토론이 격화될 때 이를 조절한다.
- 의사일정 항목 각각에 배정된 시간 사용 실태를 점검한다.
- 의사일정에 제시된 절차가 제대로 작동하지 않을 경우, 방법과 절차를 바꾸어서 사용하도록 제안한다.
- 구성원들과 그들의 아이디어가 공격받지 않도록 보호한다.
- 문제를 일으키는 사람들에게 주의를 주고 타이른다.
- 의견이 일치되지 않을 때는 중립적인 입장을 취한다(회의 의장과 다른 점).

4) 과정 관찰자

팀 회의 과정과 임무할당 과정이 얼마나 잘 진행되는지 관찰하거나 개선점을 제안하는 팀 구성원으로서 내부 감사와 같은 역할을 한다. 이 임무는 종종 무시되지만 경험이 부족한 팀에게는 매우 중요할 수 있다. 이 임무를 의사소통에 능통하고 총체적 사고방식을 가진 어느 한 구성원에게 할당하고 싶겠지만, 모든 팀 구성원이 그 임무를 경험한다면 팀 개발 및 학습에 크게 도움이 될 것이다.

5) 회의 의장

특별한 회의 중에 의장의 역할을 담당하는 팀 구성원으로 이 구성원은 그의 전문성과 사고능력 때문에 일련의 회의를 주재하도록 한다.

- 의사일정에 따라서 회의를 진행한다.
- 회의 진행방법을 바꿀 수 있는 권한을 가진다.

각 구성원들은 보통 하나 이상의 역할을 수행하거나, 특별한 하나의 임무가 시간대별로 여러 명의 구성원들에게 할당되기도 한다.

표 2.6
팀 구성원의 임무와 책임

팀 구성원	영문	임무와 책임
서기	recorder	제안, 아이디어, 결정사항을 기록하고 토의내용을 열거한다.
과정 관찰자	process observer	그룹의 진행상황에 피드백을 제공한다.
의견 요청자	opinion seeker	제시한 의견에 대해 가치 판단을 요청한다.
격려자	encourager	다른 사람들의 공헌을 인정하고, 칭찬하고, 동의해주며, 그룹을 따뜻하고 유대감 있게 한다.
의견 발의자	opinion giver	의견이나 신념을 말한다.
코디네이터	coordinator	임무와 아이디어, 그리고 제안들 간의 관계를 명확하게 한다.
화합자	harmonizer	차이점을 조화시키고 긴장을 완화시키고 팀 구성원들의 차이점을 찾아내어 그 가치를 이해하도록 돕는다.
진행자	gatekeeper	토론의 흐름을 조정하고 대화빈도를 조절하며 같은 종류의 토론을 최소화하고 주장이 강한 구성원에 토론이 이끌리지 않게, 또한 조용한 구성원들도 참여하도록 유도한다.
시작자/공헌자	Initiator/contributor	새로운 아이디어와 방법을 제안한다.
정보 점검자	information seeker	제시한 의견의 사실여부를 점검한다.

정보 제공자	information giver	문제를 진단하고 필요에 맞게 상세하게 한다.
방향제시자	orienter	무엇을 요약하고 팀의 방향에 대해 질문하고 조직내의 팀의 위치를 정의한다.
평가자/비평가	evaluator/critic	기준과 목표에 비추어 팀의 성취도를 검사한다.
활력가	energizer	팀을 행동적이고 결단력 있게 고무한다.
과정 기술자	procedure technician	자료를 분배하고 장비를 준비한다.

실습활동 2.2 : 팀 규칙과 팀원의 임무 규정문 작성 제출 (10분 활동 및 토의)

- 현재 구성된 팀이 프로젝트를 원활히 수행하기 위하여 모든 팀원이 반드시 지켜야 할 팀 규칙을 제정하고 모든 팀원이 서명한 후 복사본은 제출하라.
- 프로젝트를 성공적으로 수행하기 위하여 각 팀원이 맡은 임무를 자세히 작성하고 해당 팀원이 서명한 후 원본은 팀원에게 나눠주고 복사본은 제출하라.

2.4 팀 운영 및 회의진행

팀은 구성원들 사이에 조화를 이룰 때에는 시너지 효과가 나오지만, 마찰과 불화도 일어날 수 있기 때문에 오히려 역효과를 초래하기 쉽다(사실 팀웍은 비슷한 사람들끼리 모여 있을 경우 잘된다. 그러나 "팀 분위기"가 매우 좋더라도 "팀 효과"는 없을 수 있다). 대부분의 기업이 팀을 현재도 운영하고 앞으로도 운영해야 하는 환경에 있음에도 불구하고 10개의 팀 중 9개의 팀은 실패한다고 한다. 따라서 다양한 사람들이 팀을 이루어 효력을 발휘하기 위해서는 팀 구성원의 특성화가 장려되어야 하며 팀 구성원 모두가 팀웍을 잘할 수 있는 기술이 있어야 한다. 다시 말하자면 팀웍의 능력은 타고나기보다는 배워야하는 것이다. 효과적인 팀 운영을 위해서는 이미 앞에서 말했듯이 팀 규칙을 미리 정해 놓음과 동시에 각 팀원의 임무 규정을 명확히 하여 혹시 생길지 모르는 분쟁에 대비하는 것이 좋다. 생산성이 매우 높은 팀은 우연히 만들어지는 것이 아니며 구성원들이 얼마나 유능한가와는 크게 관계가 없다. 사실 팀의 업무는 팀의 창의력과 시너지 효과라는 장점을 이용하기 위하여 개인 업무 이외의 다른 업무들을 포함한다. 팀활동에서 발생하는 추가적인 경비요소들을 감수하면서도 생산성을 높이기 위해서 새로운 방법들을 자주 시도하는 것을 보게 되는데 만약 팀이 새로운 방법들을 시도하지 않는다면 그 팀의 효율성은 저하될 것이고 팀 에너지는 낭비될 것이다. 시도해 볼 수 있는 방법들에는 다음과 같은 것들이 있다.

- 정확히 정의된 팀의 책임과 임무에 관한 규정문
- 시간 계획표와 프로젝트 계획표
- 팀 구성원들의 임무에 관한 규정문
- 회의 의제 목록
- 회의일지 또는 회의록
- 수행임무 목록

실습활동 2.3 : 2002 한일 월드컵의 한국 국가대표 월드컵 팀 성공사례

2002년 월드컵에서 한국팀이 4강에 오른 이후에 국내의 한 일간지에 실렸던 내용 중에 다음과 같은 것이 있었다. 이 내용을 읽고 당시 월드컵 팀 감독 히딩크의 팀 운영 철학에 대하여 토의한 후에 성공한 팀이 되기 위한 조건을 5가지 이상씩 발표하라.

2002년 6월에 한반도를 뒤흔들었던 월드컵의 성공 뒤에 히딩크 감독이 있었고 그는 지도자로서 모든 역량을 팀웍 향상에 쏟았던 것으로 알려져 있다. 그가 한국축구대표팀 사령탑으로 부임했을 때 가장 먼저 강조한 점이 식사시간이었다. 5분도 지나지 않아 자리를 뜨는 젊은 선수들을 보고 그는 무조건 선배들과 한 식탁에 앉아 규정된 식사시간 (1시간)을 채우도록 지시했다. 또 식사시간에는 전화통화도 못하게 통제했다. 처음엔 어색해하던 젊은 선수들이 이제 식당이 시끄러울 정도로 선배들과 대화를 나눈다. 대표팀의 박항서 코치는 "이런 것들이 결국 의사소통에 도움을 줘 팀웍을 향상시킨다" 고 말한다. 네덜란드 대표감독이던 1996년, 유럽선수권에서 문제가 됐던 흑인 소장파와 백인 노장파의 갈등을 극복하고 팀을 98년 월드컵서 4강으로 이끈 것은 바로 그의 융화능력을 입증하는 단적인 예이다. 그는 또 절도와 규율을 강조한다. 취임 일성이 '선수들이 이동하거나 식사를 할 때 복장을 통일하라' 는 것이었다. 정해성 코치는 이를 '누가 보더라도 대표선수임을 알 수 있게 하고 대표팀은 하나라는 공동체 의식을 갖게 하기 위한 것' 이라고 설명한다. 히딩크 감독은 평소 개개인의 임무를 강조하고 이를 통해 팀웍을 조직화하는 스타일이다. 수비수들의 움직임을 극히 자제하게 하고 지시를 지키지 않는 선수들을 배제시켜온 것은 절도와 규율의 철학에서 비롯됐다. 선수들의 명성에 연연해하지 않는다는 점도 그의 장점이다. 처음에 칭찬을 아끼지 않던 한 선수의 기량이 컨페더레이션스컵에서 유럽팀들에게 통하지 않자 미련 없이 제외시켰다. 또 ○○○등 노력하지 않는 스타들보다 □□□ 등 기량향상이 돋보이는 신예들의 성실성을 높이 평가했다. 그는 또 심리전의 대가이다. 튀는 골키퍼를 장시간 제외시켜 스스로 문제점을 깨닫게 했다. 그는 아직까지도 한국선수들에게 아쉬운 점이 있다. "한국선수들은 너무 얌전하다"는 것이다. 이 말에는 선수들의 투지부족은 물론 모든 것을 축구에 투자하지 않는 자기관리의 부실에 대한 질책이 담겨 있다. 박항서 코치는 "히딩크 감독의 전술과 기술적 지도는 국내 감독과 비슷하지만 정신력과 팀웍을 강조하는 부분은 내가 알고 있는 유럽지도자 스타일과 다르다"며 "일상생활의 모든 부분을 경기, 특히 팀웍으로 연결시키는 특징이 있다"고 말했다.

팀 별로 회의가 수시로 진행되는데, 회의록에 아래와 같은 것을 포함시키는 것이 좋다.

- 회의 날짜 및 시간, 참석자
- 지난 회의에서 할당된 팀 구성원들의 진행과정 보고 요약문

- 팀의 결정 사항
- 팀 구성원들의 새로운 임무 완성 날짜
- 진행 관찰자의 논평과 제안, 그리고 관찰 사항에 기초한 팀 활동 내역
- 다음 회의의 회의 진행자, 서기, 과정 관찰자, 촉진자가 바뀔 경우 그 내용

프로젝트 활동 2.1

팀 별 프로젝트 진행회의를 실시하고, 문제점을 토의한 후에 이에 대해 발표한다. 회의록을 작성하며 회의 결과 결정된 프로젝트 진행 스케줄이 있을 경우에는 간트(Gantt) 챠트를 포함시키는 것이 좋다.

❶ 프로젝트 목표설정
❷ 임무목록 작성
❸ 간트 챠트 적성
❹ 회의록 작성

그림 2.2
회의록(서식 예시)

회의록

회의목적:

일시: 년 월 일, 시 분 ~ 시 분

회의 구성원

팀장: 서기: 촉진자: 과정 관찰자:
: : : :

참석자:
불참자:

의사일정 항목	논의 결과	책임자	기한

그림 2.3
간트(Gantt)차트

일련번호	사업추진내용	담당자	추 진 일 정 (연도별)																			
			1차년도				2차년도				3차년도				4차년도				5차년도			
			1/4	2/4	3/4	4/4	1/4	2/4	3/4	4/4	1/4	2/4	3/4	4/4	1/4	2/4	3/4	4/4	1/4	2/4	3/4	4/4
1	공학소양교육 발전방향 제시 및 세부 교과목의 교육 목표 및 주요 교육 내용 제정	홍길동	■	■	■	■																
2	총괄적 성격의 공학소양 교과목 교육내용 구축	김개동					■	■	■	■												
3	공학 소양교과목 세부 교육내용 구축	박문수									■	■	■	■								
4	공학 소양교과목 세부 교육내용 구축	이서방													■	■	■	■				
5	공학 소양교육의 종합 시스템 구축	김선달																	■	■	■	■

CHAPTER 03

의사소통

개요

학습목표	의사소통의 중요성을 인식하고 의사소통 능력을 배양		
주제	**이론제시**	**실습활동**	**응용 및 토의**
의사소통 개요, 발표력 향상방법, 기술문서 작성방법	• 의사소통의 정의 및 장애요인 • 탁월한 발표자란? • 기술문서 작성법	• 소리를 내지 않고 입 모양으로만 의사전달 • 30초 발표하기 • 기존의 제품 사용설명서를 읽고 틀린 부분 또는 이해가 어려운 부분 수정하기	• "30초 발표하기"에서 얻은 느낀 점에 대해 토의
과제	자신의 의사소통 방식에 대해 2주간 관찰 후 분석보고서 작성		

3.1 의사소통의 중요성

3.1.1 의사소통의 장애요인

준비활동 3.1 : 유치원 아이들에게 이해하기 어려운 원리 설명하기(5분 활동, 5분 발표)

상대방이 이해하기 어려운 내용을 설명할 때 느끼는 어려운 점에 대하여 이야기하고 이를 해결하기 위한 방안에 대하여 토의해 보자. 아울러 의사소통 능력의 중요성과 필요성을 체험하도록 하자. (예: 뉴턴의 제 3법칙(작용과 반작용의 법칙)을 유치원 아이에게 설명하기)

능숙한 의사소통은 생산적인 팀웍에 매우 중요하다. 그런데 대부분의 사람들은 내적요인과 환경적 요인으로 의사소통에 어려움을 느끼고 있다.

그림 3.1
의사소통의 장애요인

[그림 3.1]에서 보듯이 내적요인은 인간의 두뇌 또는 마음 속에서 경험하는 것으로 이에 따라 겉으로 표현되는 말이나 행동이 달라진다. 내적요인으로는 언어, 문화, 가치, 편견, 기억, 경험, 감정, 기대, 고정관념, 시간압박, 대화능력 부족 및 본인의 사고경향 등을 의미하며, 개인의 탄생과 성장 배경 및 교육이 복합적으로 영향을 미친다고 할 수 있다. 이에 의해 전달하고자 하는 메시지가 실제 겉으로 드러난 말이나

행동에서는 잘못 표현 될 수도 있다. 환경적 요인은 주변의 소음 때문에 말 자체가 잘 들리지 않거나 듣는 사람의 주의를 빼앗아 전달하고자 하는 말에 집중할 수 없게 하는 외적요인을 일컫는다. 내적요인이 원래의 메시지를 잘못 표현되게 할 수 있다면 외적요인은 아무리 잘 표현된 메시지라도 잘못 전달되게 할 수 있다. 또한 내적요인이나 환경적 요인이 제거된 상태에서 메시지가 전달되었다 하더라도 메시지를 수신자가 이해하여야 한다. 따라서 효과적인 메시지 전달은 듣는 쪽의 수준과 능력에 맞추어 표현되고 듣는 쪽이 이해할 시간을 갖도록 속도조절이 이루어져야 한다. 의사소통은 쌍방의 상호 의사 교환이므로 듣는 쪽도 자신의 이해정도나 자신이 계속 메시지를 수신할 수 있는지 여부에 대하여 송신자에게 적절히 응답메시지를 보내야 한다. 또한 의사소통은 유창한 말 이상을 요구하는데 언어, 사고방식, 문화, 그리고 기억 등을 공유하고 공감할 수 있을 때 더욱 쉬워지기 때문에 이를 위한 사전노력이 필요하다. 의사소통 시에는 단지 어떤 사실과 방법만 전달하는 것이 아니라 감정, 가치 및 희망을 함께 전달하고 몸동작(body language)을 적절히 섞어 표현하면 더욱 효과적이다.

그림 3.2
의사소통에서 발생하는 메시지 왜곡

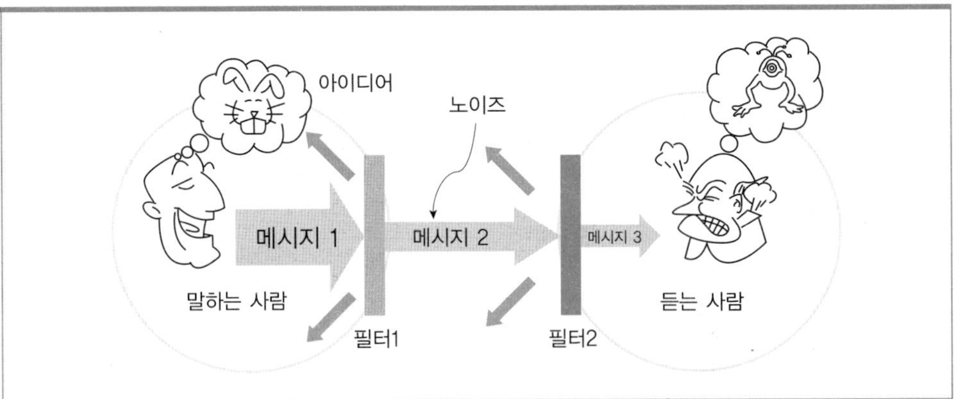

[그림 3.2]는 의사소통에서 메시지의 왜곡이 일어나는 과정을 보여준다. [그림 3.2]에서 보면 말하는 사람이 토끼에 대하여 이야기를 하고 있는데 듣는 사람은 외계인으로 이해하고 있는 상황을 보여준다. 말하는 사람과 듣는 사람 사이에 의사소통이 제대로 되지 않고 있는 것이다. 말하는 사람의 말하고자하는 바가 듣는 사람에

게 잘 전달되지 않는 이유는 무엇일까?

1) 말하는 사람이 무엇을 말해야하는지 자기 스스로도 잘 모르는 경우가 많이 있다. 이러한 경우에 아이디어는 조직되어있지 않은 경우가 많으며, 또한 어떻게 이 아이디어를 순차적이면서 논리적으로 말해야 하는지 잘 모르는 경우이다. 이런 경우 듣는 사람은 논리적이지 못한 메시지를 종합하고 이해하느라 너무 많은 에너지를 소모하므로 일반적으로 중도에 이야기 듣는 것을 포기해 버리는 경우가 많다.
2) 말하는 사람의 아이디어가 조직적으로 정리되고 전달될 준비가 다 갖추어졌다고 하더라도 아이디어가 말로 변하는 순간 필터를 통과하게 된다. 이 필터에 속하는 것으로는 말하는 사람이 가지고 있는 경험, 언어, 사고방식, 문화 등이 있다. 즉, 같은 아이디어라고 할지라도 그 사람이 가지고 있는 경험, 언어, 사고방식, 문화 등에 따라서 서로 다른 메시지가 되는 것이다. 따라서 그림에서 메시지1로 표현된 아이디어가 필터1을 통과하면서 왜곡되고 일정부분 정보가 손실된 상태로 표현되어 전달된다. 필터1의 형성에는 앞에서 설명한 내적요인이 영향을 미친다고 볼 수 있다.
4) 듣는 사람도 비슷한 형태의 필터를 가지고 있다. 즉, 듣는 사람의 경험, 언어, 사고방식, 문화 등이 필터2에 해당하고 이는 듣는 사람이 가지고 있는 내적요인이라고 말할 수 있다. 만약 말하는 사람이 영어로 이야기하고 듣는 사람이 한국어만 이해할 수 있다면 필터 2는 모든 메시지를 거부할 것이다. 따라서 말하는 사람의 필터와 듣는 사람의 필터를 최대한 비슷하게 맞추면 의사전달에서 정보의 손실이 최소화 될 것이다. 이들 관계는 라디오 방송과도 비슷한 면이 있다. 즉, 방송국에서 어떤 메시지를 특정한 주파수(필터1)로 송신했을 때 그 주파수를 맞춘(필터2) 라디오에서만 그 메시지를 들을 수 있는 것이다. 그러나 만약 방송국에서 보내는 메시지가 뒤죽박죽된 메시지라면 아무리 청취자가 그 메시지를 들어도 이해할 수 없을 것이다.
4) 메시지가 필터1을 통과해서 필터2에 이르기까지 노이즈가 메시지에 첨부된다. 주위의 소음, 다른 주의를 끄는 것들 및 다른 이야기들이 이에 해당한다.

3.2 발표자료 작성 및 발표요령

준비활동 3.2 : 현재까지 가장 인상 깊게 들었던 강의 및 강연에 대하여 말해보기 (5분 활동, 5분 발표)

현재까지 가장 인상 깊게 또는 감동적으로 들었던 강의 또는 강연에 대하여 이야기하고 그 강의 또는 강연이 인상 깊게 들렸던 이유에 대하여 5가지 이상씩 나열하고 발표해보아라.

3.2.1 의사소통의 조건

말하는 사람이 의사를 잘 전달하려면 어떻게 해야 할까? 의사를 잘 전달하기 위해서는

첫째: 말하는 사람이 메시지의 내용을 정확하고 논리적으로 정리해야 한다. 전달하고자 하는 메시지가 무엇인지 핵심을 파악하고 어떻게 논리적이고 효과적으로 전달할 것인가 하는 전략도 수립해야 한다. 뒤에서 설명될 "30초 메시지 발표"를 훈련하는 것이 도움이 될 것이다. 또한 "마인드맵"등과 같은 컴퓨터 소프트웨어 도구를 이용하여 생각을 정리해보는 것도 도움이 될 수 있다.

둘째: 말하는 사람의 필터와 듣는 사람의 필터를 최대한 맞추는 것이다. 말하는 사람과 듣는 사람이 공통으로 이해하는 언어를 사용해야 한다. 표준말을 사용하는 것도 이에 포함된다. 말하는 사람은 듣는 사람의 나이, 경험, 문화 등을 충분히 이해하고 듣는 사람의 입장에서 말을 해야 의사전달이 잘 될 수 있다. 올바른 의사소통은 말하는 사람이 일방적으로 유창한 말을 쏟아내는 것이 아니라 듣는 사람으로 하여금 메시지가 이해되고 응답되도록 하여야 한다. 일반적으로 듣는 사람은 말하는 사람에게 관심을 두기 귀찮아하는 경향이 있다. " 능숙한 의사 전달자가 되기"의 내용도 상대방을 이해함으로써 필터를 동일한 것으로 맞춰가는 것이라 할 수 있다.

셋째: 메시지 전달을 방해하는 노이즈를 제거해야한다. 노이즈가 제거된 조용한 곳에서 듣는 사람이 어려움이 없도록 충분한 성량으로 메시지를 전달해야 한다.

3.2.2 탁월한 발표자가 되는 요령

의사 전달을 능숙하게 하는 탁월한 발표자가 되려면 [표 3.1]과 같은 점을 고려하고 평소에 훈련하는 습관을 가지는 것이 중요한데 이를 위해 자신의 행동을 관찰하고 평가하는 기회를 갖는 것이 도움이 된다. 탁월한 발표자는 자신이 하는 말을 청중이 들어 주어야 하는데 듣는 상대방이 경청하게 하려면 [표 3.2]와 같은 면에 신경을 써서 말해야 한다.

표 3.1
탁월한 발표자가 되기 위해 고려할 점

- 사람을 판단하기 전에 그를 알아야 한다.
- 침착하고, 편안하고, 개방적이고 친절하며 남에게 관심을 보인다.
- 사람을 존중하고 있는 그대로 받아들인다.
- 함께 시간을 보내고 일대일로 대화한다.
- 이해하려하고 협조적이어야 한다.
- 서로의 관점을 들어야 한다.
- 긍정적 태도를 가져야 한다.
- 항상 리더(또는 조정자)가 되려 하지 말아야 한다.
- 자신의 몸동작을 관찰한다.
- 유머 감각을 가진다.
- 공정한 논쟁법을 배워야 한다.
- 대화 중재자를 가진다.

표 3.2
청중이 경청하게 만드는 요소

- 잘 들리도록 크게
- 정확한 언어 사용
- 청취자가 집중할 수 있도록 흥미를 끄는 단어로 명확하게
- 청취자의 사고경향, 지식수준 및 문화적 경험에 대한 이해
- 청취자의 반응을 유도

실습활동 3.1: 자신의 의사소통에 대한 행동 방식 관찰하기

오늘부터 2주간에 걸쳐 자신의 의사소통 행동 방식에 대하여 [표 3.1]에 제시된 것과 같은 문항의 점검표를 만들어 매일 점검하고 자신에게 개선이 필요한 부분을 순서대로 5가지를 나열한 후 해결방안을 작성하여 제출하라.

정해진 시간에 효율적으로 자신의 의사를 전달하기 위해서는 연습이 필요한데 사람들의 집중력은 30초가 지나면 현저히 떨어지고 주의가 산만하게 된다. 따라서 중요한 내용을 30초 이내에 전달할 수 있는 능력을 갖는 것은 매우 소중한 개인의 자산이 된다. [표 3.3]에 30초 메시지에 대해 준비하는 요령을 담고 있다.

표 3.3
30초 메시지 준비요령

"초보자는 30초 메시지 발표를 위해 보통 1시간 이상 준비하여야 한다."

- **준비 :**
  발표 할 메시지를 준비할 때 목적, 청중, 정책(접근방법)을 결정하여야 한다.
- **메시지 작성 :**
  메시지 전달 시 다음과 같은 3가지 사항에 대하여 고려하여야 한다.
  - 관심 끌기: 유머나 시각교재 사용
  - 주제: 메시지의 목적, 누가, 무엇을, 어디서, 언제, 왜, 어떻게
  - 마무리: 당신이 원하는 것을 강력하게 또는 은근하게 요구
- **발표 :**
  구술발표에서, 태도와 외모, 몸동작, 말하는 방식 등은 메시지의 의미를 전달하는데 도움이 되기 때문에 중요하다.
  - 태도와 외모:
    잘 어울리게, 얼굴표정, 시선, 자세, 몸짓, 억양, 외모, 옷 등
  - 몸동작:
    친근한 행동, 미소, 배우처럼, 대본 읽듯이 하지 말 것
  - 말하는 방식:
    말할 때 표정과 목소리에 감정을 나타내기, 목소리에 억양

실습활동 3.2 : 30초 말하기 녹화 및 분석

프로젝트에서 개발하고자 하는 제품에 대한 30초 광고를 작성하여 발표하라. 이를 녹화하고 녹화된 내용을 함께 보며 개선점에 대한 토론을 한다. 녹화된 내용은 팀별로 제출한다.

3.2.3 발표자료 작성요령

발표자료를 작성하려면 발표내용을 적합한 슬라이드 형태로 디자인하고 슬라이드 서식, 글씨체, 글씨 크기 및 색채에 대한 종합구상을 하여 발표할 내용을 담은 마스터 슬라이드 작업을 우선 마치는 것이 좋다. 서식을 총괄하는 마스터 슬라이드 작업이 끝난 후에 문장, 표, 그림, 기타 필요한 오디오 및 비디오를 마스터 슬라이드에 삽입하게 되는데 다음과 같은 사항을 고려해야 한다.

1) 슬라이드 구성

- 슬라이드 한 장에는 한 가지 통일된 내용만으로 구성
- 한 장에 문장은 10줄 이내
- 바탕은 간결하고 현란하지 않게 작성
- 모든 슬라이드 문체는 가능한 한 가지로 통일 (2-3가지 이내 권장)
- 화면에 각주를 위한 공간을 고려하여 전체화면의 85%정도 사용

2) 슬라이드 배경 및 텍스트 색채

- 명도와 채도가 높은 색채는 눈에는 잘 보이나 눈에 피로를 줌
- 바탕색과 글자색의 채도가 대비되게 사용
- 한 슬라이드내의 색채는 3가지 이내
- 어두운 부분은 좌측에 배열
- 원색은 가급적 자제

3) 발표 글 입력

- 가능하면 한 줄로 짧게 작성한다.
  6 × 6 법칙: 한 줄은 6단어 이하로 한 슬라이드는 6줄 이하로
- 쉽고 명확한 단어 사용
  한 가지 의미로 해석되는 단어 사용 권장
  되도록 부정문보다는 긍정문으로 작성
- 글자 크기에 주의
  제목은 28-36 포인트
  본문은 18-24 포인트
  (단, 프린트용의 제목은 18-20, 본문은 11-14포인트)
- 눈에 잘 띄는 글꼴 사용
  빔 프로젝터로 영사 시 잘 보이는 글꼴은 고딕체 계열
  한글은 HY헤드라인M, HY견고딕
  영문은 Arial, Tahoma(굵게), Verdana(굵게)

4) 그림

- 여러 번 시도
  처음부터 보기 좋게 만들기는 어려움
- 단순 명확하게
  한 장에 많은 내용은 자제

5) 표

- 복잡한 표는 엑셀에서 만든 후 가져오기
- 표 내의 글 (텍스트) 정렬을 일정하게
  짧은 글은 가운데로, 숫자는 오른쪽으로 정렬
  소수점 있는 숫자는 소수점 기준으로 정렬
- 알아보기 쉽게
  중요한 내용을 골라서 표에 담도록
  주목해야할 곳은 특별한 표시

3.3 기술문서 작성

준비활동 3.3 : 제품 사용설명서를 읽고 느낀 어려운 점에 대하여 토의하기 (5분 활동, 5분 발표)

각 팀별로 제품 사용설명서를 읽고 느낀 어려운 점에 대하여 구체적인 사례를 들어 이야기하고 사용설명서가 이해하기 어렵게 쓰여진 이유에 대하여 5가지 이상씩 나열하고 발표하시오.

3.3.1 기술문서 작성법

제품을 생산하는 엔지니어와 그것을 사용하는 소비자 사이에는 전문지식과 사용하는 전문용어에 커다란 차이가 있다. 엔지니어는 제품에 대한 기술문서가 제품 사용설명서(user's manual)일 경우와 제품에 대한 기술참고문서(reference manual)인 경우를 구분하여 작성하여야 한다. 일반적으로 기술문서 작성 시 고려할 사항을 요약하면 [표 3.4]와 같다.

표 3.4
기술문서 작성 시 고려사항

- **뚜렷함:** 애매모호하거나 의심의 여지를 남겨서는 안 됨
- **간결성:** 꼭 필요하지 않거나 뚜렷함에 도움이 되지 못하는 상세한 내용은 피함
- **정확성과 정밀성:** 정확성은 정확한 정보의 제공, 정밀성은 정보의 불확실성 수준
- **중요사항을 빠짐없이 논리적으로 구성:** 작성하기가 용이한 서식으로 필요한 모든 정보를 포함
- **독자에 초점:** 정보의 사용자에 맞게
- **신뢰성:** 신 개념 또는 기술이 시험을 거친 것임을 알게 하고 아이디어의 연구, 분석, 종합, 시험 결과를 포함
- **시기의 적절성:** 제품사용 또는 프로젝트 납기 등 일정에 맞추어 작성

실습활동 3.4: 기존 제품 사용설명서 수정작업 활동

컴퓨터 하드웨어 또는 소프트웨어 사용설명서를 가지고 개선할 점에 대한 토의를 한 후 수정한 사용 설명서를 제출한다(수정된 부분은 빨강색 또는 큰 글씨로 표시).

엔지니어가 산업계에서 성공적으로 활동하기 위해서는 자신의 생각을 정확히 글로 표현할 수 있는 능력배양이 필요하다. 다음의 문서를 읽고 글쓰기의 중요성을 생각하는 시간을 갖도록 하자.

미국의 한 학자가 20개 연구기관에서 일하는 과학자와 엔지니어 2백 65명을 대상으로 설문조사를 한 바에 따르면, "쓰기 능력이 자신의 개인적 경력과 출세에 아주 영향을 많이 주었다"고 동그라미를 친 응답자가 절반이나 됐다. 특히 매니저는 그렇다고 응답한 비율이 71%에 달한다. " 자신의 생각을 명쾌하고 논리적으로 표현할 수 있는 젊은 엔지니어는 졸업 후 5년 안에 매니저가 될 수 있다." "형편없는 제안서와 보고서로는 연구비와 고객을 얻을 수 없다." "커뮤니케이션의 질은 아이디어의 습득에 매우 강한 영향을 미친다." 이들이 설문지에 써놓은 내용이다. 또한 이 과학자와 엔지니어들은 적어도 자신의 시간 중 1/3을 쓰기, 읽기, 편집, 프레젠테이션 준비 등 쓰기와 관련된 일에 소모했다. 승진할수록 비율은 더 늘어나 평연구원은 34%, 중간관리자는 40%, 그리고 매니저는 50%를 쓰면서 보낸다(신동호, 2002).

MIT 근처 서점에서 수십 년 동안 가장 많이 팔린 책은 무엇일까. 뜻밖에도 스타일의 요소(The Elements of Style)라는 글쓰기책이라고 한다. 이 책은 윌리엄 스트렁크라는 대학 교수가 1919년에 강단에서 글쓰기를 가르치면서 만들었던 강의록을 그의 제자이자 작가인 E. B. 화이트가 수정해서 40년 뒤에 만든 것이다. 글은 간결하고 짧게, 두 개의 문장을 절대 붙여서 길게 쓰지 말고, 수동형은 피하고, 불필요한 단어는 무조건 빼라고 이 책은 강조한다.

공대학생이 글을 잘 쓰기 위해서 어떠한 요령을 터득해야 하는 지를 [표 3.5]에 요약해 놓았다.

표 3.5
이공계 학생의 글 잘 쓰기 요령 (임재춘, 2003년)

읽는 사람의 대상과 수준에 따라 다르게 작성	실무자와 결재권자는 관심부터 다르다.
자신의 박식이나 고생의 언급은 자제	상대가 원하는 정보만을 치밀하게 구성하여 흥미를 유지하면서 정보를 제공해야 한다.
내용이 꼬리를 물고 물 흐르듯 해야	독자는 나름대로 생각의 흐름을 만들어 냄과 동시에 다음에 어떤 내용이 전개되리라는 기대를 가지고 있다.
표현에 맞는 어휘는 하나	표현에 맞는 정확한 어휘를 찾아내도록 노력해야 한다.
문장은 하나의 개념만을 담아야	어휘를 합치면 글의 기본형이 되는데, 문장은 되도록 하나의 개념만을 담아야 한다.
접속사의 조사를 신호체계로 활용	접속사와 조사 하나만을 잘못 사용해도 글이 혼란스럽게 된다.
주요 내용이 한 눈에 파악되야	현대인은 바쁘고 읽어야 할 글도 많아 글을 선택적으로 읽는다.

참고문헌

신동호(2002), 글 잘쓰는 과학자가 성공할 확률이 높다, 과학동아, 서울

임재춘(2003), 한국의 이공계는 글쓰기가 두렵다, 마이넌, 서울

CHAPTER 04

창의 설계 개론

개요

학습목표	창의적 문제해결방법론과 공학설계의 과정을 학습		
주제	**이론제시**	**실습활동**	**응용 및 토의**
창의적 문제해결	• 창의적 문제해결 과정 설명		
공학설계	• 공학설계 과정 설명 • 목적계통도 • 기능계통도 • 개념설계	• 목적계통도, 기능계통도, 개념설계 실습	창의적 문제해결 과정과 공학설계과정의 차이점 토의
과제	프로젝트 주제에 대한 목적계통도, 기능계통도를 작성하시오.		

4.1 창의적 문제 해결 과정

우리 주위를 관찰하여 보면 많은 문제가 정의될 수 있음을 알 수 있다. 예를 들어, 소음이 나는 냉장고를 보면서 소음이 없는 냉장고를 개발하는 공학설계 문제를 정의할 수도 있고, 학교 학생들이 흡연을 하는 것을 보면서 금연을 쉽게 하는 방법을 찾아내는 사회개선 문제도 정의할 수 있다. 이러한 문제들은 앞의 제 1장 1.2절에서 설명한 "현재 상태 A"와 "개선된 상태 B"를 이용하여 정의될 수 있다. 문제의 영역이 결정되면 이제 이 문제를 훌륭히 해결할 수 있는 최선의 해결방안을 찾아야 한다. 하지만, 당면한 문제를 해결하는 과정은 간단한 것이 아니며 올바른 방법론을 적용하고 창의성을 발현하며 노력해야만 문제의 해결에 이를 수 있다.

이 책에서 제안하는 문제해결의 과정은 정확한 문제의 정의, 아이디어 창출, 아이디어 다듬기, 아이디어 판정, 해결방안 실행의 과정으로 이루어져 있다. [그림 4.1]는 창의적 문제해결 과정을 흐름도로 표현한 것이다.

그림 4.1
창의적 문제해결 과정과 단계별 결과물들

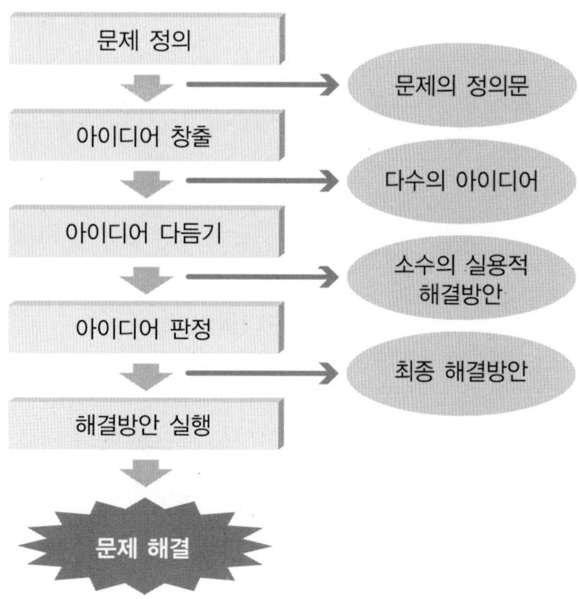

1) 문제 정의

문제정의 과정은 문제의 진짜 원인이 어디에 있는가를 찾는 과정으로서 분석적인 좌뇌와 감성적이고 시각적인 우뇌를 이용하여 문제의 근원을 찾아 나간다. 문제정의 과정은 겉으로 드러난 현재의 문제점에서 시작하여 소비자 설문조사, 특허검색, 기술문서 검색 등을 통하여 문제에 관련된 다양한 정보를 수집하고 분석하여 문제의 진짜 문제를 찾는 과정이다. 문제정의 과정의 결과물은 문제의 핵심이 정확하고 간결하고 긍정적인 문장으로 표현된 "문제 정의문"의 형태로 나타난다. 이 문제 정의문은 최초에 만들어진 후 여러 번의 교정을 통하여 문제의 핵심을 충분하고 명확하게 표현하는 문장으로 다듬어져 나가야 한다.

2) 아이디어 창출

문제 정의문이 완성되면 아이디어 창출 기법을 사용하여 문제해결책들에 대한 아이디어를 찾는다. 이때 사용되는 아이디어 창출 기법으로는 브레인스토밍, SCAMPER, 형태학적 분석법 등을 들 수 있다. 이 과정에서는 아이디어의 품질보다는 수량을 중요시하여 최대한 많은 아이디어를 얻는 것을 목적으로 한다. 많은 아이디어를 얻기 위해서는 기존의 "사고의 틀"을 넘어서는 엉뚱하고 창의적인 아이디어들을 많이 제시해야 한다. 이를 위해서 팀원들은 열린 사고를 가지고 있어야 하고 즐겁고 자유로운 회의분위기와 상대를 비판하지 않는 분위기 등이 제공되어야 한다. 이 과정의 결과물로서 엉뚱한 아이디어를 포함하는 다수의 아이디어를 얻는다.

3) 아이디어 다듬기

이 단계는 정제되지 않은 다수의 아이디어를 좀 더 실용적인 아이디어로 만드는 과정이다. 아이디어들을 분류하고 조합하는 과정을 통하여 실제 문제해결에 도움이 되는 방향으로 아이디어들이 다듬어진다. 이 과정은 브레인스토밍 과정의 연속이라고 말할 수 있는데 기존의 아이디어들을 창의적으로 조합하면서 새로운 아이디어들도 추가될 수 있는 과정이다. 이 과정의 결과물은 정제된 소수(3~5개 정도)의 실용적인 아이디어들이다.

4) 아이디어 판정

창의적 판정과정은 소수의 후보 아이디어들 중에서 문제 해결방안으로 가장 적합한 아이디어를 최종 선택하는 과정이다. 먼저 판정기준을 선정한 다음, 이들 판정기준을 이용하여 제시된 아이디어들의 적합도 판정하는데 이때 정성적인 평가를 정량적인 평가로 변환하는 과정이 필요할 때도 있다. 이 과정의 결과물로서 최종해결방안이 선택된다.

5) 해결방안 실행

해결방안 실행과정은 최종 선택된 해결방안을 효율적으로 실천하는 과정이다.

4.2 창의적 문제 해결 방법과 공학설계

4.2.1 공학설계의 정의

공학설계는 추상적인 아이디어를 구체적 제품으로 만들어가는 과정이라고 말할 수 있다.

추상적인 아이디어를 구체화하기 위해서는 여러 가지 선택가능한 해결안을 만들어내고 그 중에 가장 적절한 하나를 선택해야 한다. 따라서 공학설계과정은 설계자가 여러 가지 대안 중에 하나를 선택하는 과정의 반복이라고 볼 수 있다.

공학설계는 구체적인 제품을 산출해야 하기 때문에 일반적인 창의적 문제해결 방법에 비해 설계 목적과 기능과 제한조건 등이 좀 더 구체적이게 된다.

4.2.2 설계의 분류

설계의 의미를 좀 더 구체적으로 알아보기 위해서 설계를 여러 가지 기준으로 분류해보는 것이 도움이 된다.

1) 개념설계와 상세설계

설계작업내용의 기준에 따라 설계를 구분해보면 [표 4.1]과 같이 개념설계와 상세설계로 나눌 수 있다.

표 4.1
설계 작업 내용에 따른 설계의 구분

기 준	설계 구분	특징
설계 작업 내용	개념설계	종합적, 아이디어, 스케치, 3차원시각화
	상세설계	분석적, 공학계산, CAD/CAM/CAE, 효율

주: CAD (Computer Aided Design)
CAM (Computer Aided Manufacturing)
CAE (Computer Aided Engineering)

개념설계란 문제를 해결할 수 있는 다양한 대안들 중에서 어떤 방법과 구조를 이용하여 문제를 해결할 것인지를 결정하는 과정이다. 개념설계에서는 구체적인 치수나 정밀한 도면이 요구되지 않는다. 개념설계에서는 문제해결을 위한 창의적인 아이디어를 도출하는 능력과 이를 삼차원적으로 시각화하는 스케치 능력이 요구된다. 개념설계는 문제해결의 여러 가지 대안 중에 하나를 선택해 나가는 종합적 과정이며, 아이디어를 창출하는 과정이며 스케치의 형태로 결과가 표현된다.

상세설계는 수치계산과 같은 분석적인 과정이며 아이디어를 실체화하는 과정이다. 상세 설계를 위해서는 CAD/CAM/CAE 등과 관련된 작업이 수반되며 구체적 치수와 형상이 결정된 도면과 모형(model)이 결과물이 된다.

개념설계가 설계의 방향과 비전을 결정짓는 단계라고 하면, 상세설계는 능률과 효율을 중요하게 여기는 단계이다. 두 단계 모두 중요하지만, 창의적 설계라는 관점에서 보면 개념설계가 상세설계보다 훨씬 더 중요한 단계라 할 수 있다. 만약 설계의 방향(개념설계)이 잘못된다면 아무리 상세설계를 훌륭히 하여도 나쁜 설계가 되는 것이다. 예를 들어 높은 곳에 있는 물건을 집으려고 할 때, 사다리를 엉뚱한 벽에 설치한 후 아무리 열심히 올라가더라도 결국은 원하는 물건을 얻을 수 없게 된다. 사다리를 올바른 벽에 놓는 것이 개념설계를 바로 하는 행위와 유사하고, 열심히 올라가는 것은 상세설계를 효율적으로 하는 것과 유사하다. 따라서 창의적 설계를 하기 위해서는 개념설계에 더 관심을 기울여야 할 것이다.

2) 기술적 개선 정도에 따른 분류

설계는 또한 기술적 개선정도에 따라 적응설계, 개발 설계, 새로운 설계의 3가지로 구분할 수 있다. (김경천 외, 2004) 적응설계란 기존의 설계를 수정 또는 모방하는 설계로서 기술적 발전이 거의 없는 설계이고, 개발설계란 기존의 설계에서 시작하지만 결과물은 기술적 개선이 많이 된 설계이다. 새로운 설계란 전혀 새로운 제품을 설계하는 것으로 많은 창의성을 요구한다. 우리나라의 대부분의 설계자들은 적응설계나 개발설계에 종사하고 있으며, 극히 일부분의 사람들만이 새로운 설계에 종사한다. 그러나 앞으로는 창의성을 바탕으로 한 새로운 설계를 많이 해야만 세계제일의 창의적인 제품을 출시할 수 있고, 우리나라의 기업들이 치열한 국제 경쟁에서 살아남을 수 있을 것이다.

표 4.2
기술적 개선정도에 따른 설계의 구분

기 준	설계 구분	특징
기술적 개선 정도	적응설계	기술개발 적음, 모방, 수정,
	개발설계	기술개발 큼, 공학적 능력 필요
	새로운 설계	기술개발 매우 큼,공학적 능력과 창의성 필요

3) 설계 대상 범위에 따른 분류

표 4.3
설계 대상 범위에 따른 설계의 구분

기 준	설계 구분	특징
설계 대상 범위	시스템 설계	계층구조
	요소설계	독립적, 수치계산

설계대상의 범위에 따라 설계는 시스템 설계와 요소 설계로 나눌 수 있다. 시스템을 설계할 때에는 여러 하부 시스템들로 구성이 되기 때문에 설계문제는 [그림 4.2]와 같은 계층적인 구조를 가지게 된다. 즉, A라는 시스템은 A1, A2, A3라는 부분으로 구성되며, 이들 하부 시스템은 다시 한 단계 아래의 하부시스템(A11, A12, A31, A32, A33)으로 구성되는 트리 구조를 가지게 된다. 시스템의 설계는 대부분 팀을 이루어 작업을 하며, 설계자는 시스템의 한 부분을 맡아서 하게 된다.

요소설계란 전체 시스템의 특정 요소의 형상이나 치수를 결정하는 설계이다. 요소설계란 좁은 의미로서는 기계요소(볼트, 기어, 베어링 등)를 설계하는 것을 말한다. 하지만 시스템 설계의 상대개념으로서 요소설계의 의미는 계층적인 구조를 가지지 않고 다른 팀들을 고려하지 않고 독립적으로 작업할 수 있는 설계를 말한다.

그림 4.2
설계의 계층구조

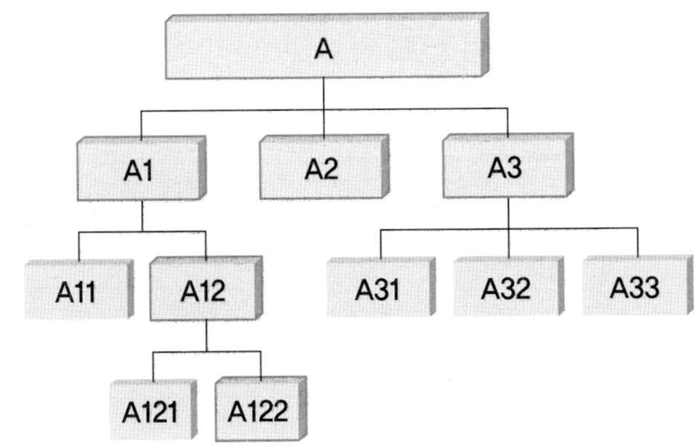

이 책에서 배우는 창의적 공학설계의 범위는 개념설계, 새로운 설계, 시스템 설계에 해당된다.

4.2.3 공학설계과정

공학설계과정을 정의하는 여러 가지 방법들이 있으나 크게 문제정의, 개념설계, 상세설계의 관점에서 설명하면 [그림 4.3]과 같이 나타낼 수 있다.

그림 4.3
공학설계과정

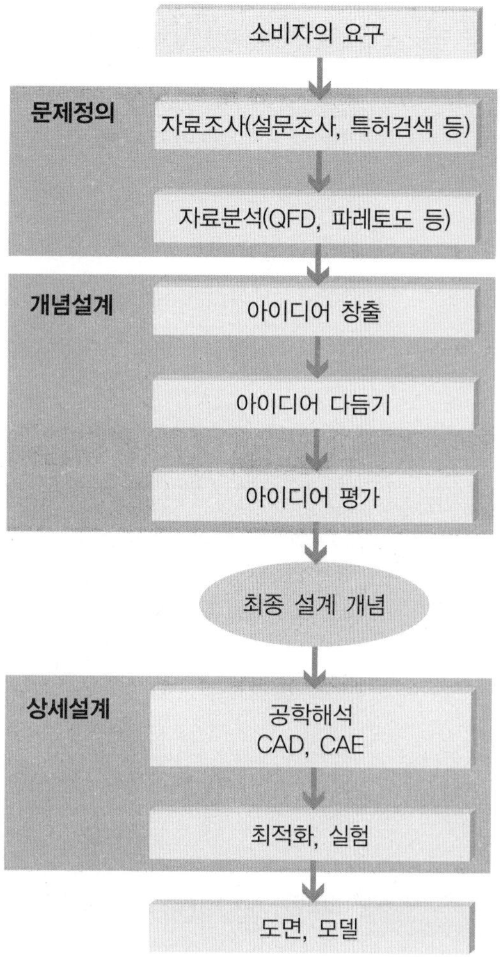

공학설계의 첫 단계는 제품을 구매할 소비자들의 요구사항을 파악하는 것이다. 이는 최종 제품을 완성했을 때 시장에서 팔리는 제품이 되기 위해서는 소비자들의 요구사항을 충분히 반영한 제품을 설계해야 한다는 의미이다. 따라서 문제정의 단계에서는 설문조사와 같은 방법으로 소비자의 요구사항을 수렴하고 이를 QFD(quality function deployment)와 같은 도구로 기술적인 요구사항으로 전환함으로써 요구사항을 파악한다. 문제정의 단계에서는 4.2.4절에서 설명하는 목적계통도와 기능계통도를 사용하여 문제를 정의하면 더욱 논리적으로 접근할 수 있다.

공학설계의 두 번째 단계는 개념설계이다. 이 단계에서는 창의적 문제해결 방법론을 적용하여 창의적인 개념설계를 도출한다. 즉, 브레인스토밍이나 형태학적 분석법(6.2.2절 참조) 등의 아이디어 창출 방법들을 사용하여 다수의 설계안들을 만들고 이들의 조합 중에서 가장 높은 점수를 얻은 설계안을 최종 설계안으로 선정한다.

상세설계에서는 개념설계의 스케치로부터 분석적 방법(해석프로그램, 최적화, 실험계획법, RP 등)을 동원하여 설계를 구체화하고 수치화하여 도면의 형태로 표현하는 단계이다.

[표 4.4]는 설계 단계별 성격과 사용되는 도구들을 보여준다.

표 4.4
설계 단계별 성격과 사용되는 도구들

설계 단계	성격	도구
문제정의	시장조사, 고객의 요구분석	QFD, 설문조사, 특허검색
개념설계	종합, 정성적, 시행착오	형태학적 분석법, 브레인스토밍, 스케치
상세설계	분석, 정량적, 반복적 공학 계산, 최적화, 수치계산, 실험, 도면, 모델	각종 해석 프로그램 (CAE), CAD, 최적화, 신속조형(RP), 실험계획법

4.3 공학설계에서의 문제정의

앞의 제 1.2 절에서 우리는 "현재 상태 A"와 "개선된 상태 B"를 이용하여 문제를 정의해 보았다. "현재 상태 A"에서 "개선된 상태 B"로 가기 위해서는 창의적인 문제해결 방법론을 이용하여 이 문제의 해결책을 찾아내어야 한다. 이 문제의 해결책은 [그림 4.4]에서와 같은 "현재 상태 A"를 입력받아서 "개선된 상태 B"를 출력하는 블랙박스 형태의 시스템으로 표현될 수 있다. 이런 해결책을 창안해 내기 위해서는 먼저 이 시스템을 통하여 얻어질 목적, 즉 "개선된 상태B"가 충족해야할 기능 및 성질들을 체계적으로 정의할 필요가 있다. 이를 위해 "목적 계통도"를 사용할 수 있다.

그림 4.4
문제의 해결책

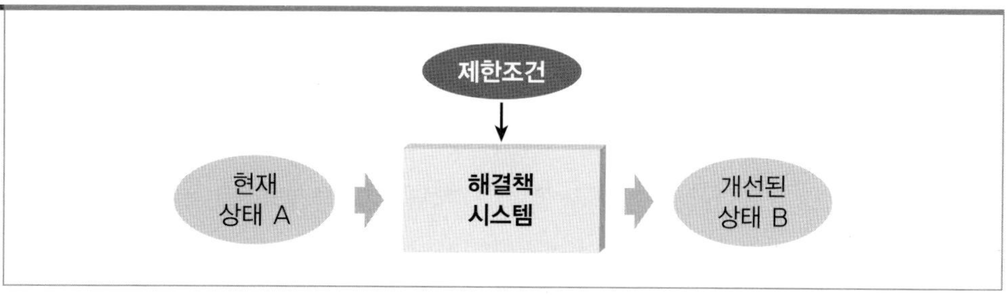

목적계통도는 최종해결책이 가져야할 목적(기능, 성질, 성능 등)을 브레인스토밍하고 이를 유사한 항목끼리 모아서 상위의 목적과 하위의 목적으로 구별하여 계통도로 표현할 수 있다. 아래 [그림 4.5]는 학생들의 창의설계 과제 수행과정에서 "손을 사용하지 않고 여는 문"이라는 과제의 목적 계통도를 보여준다.

그림 4.5
목적 계통도
(예: 손이 아닌 다른 방법으로 여는 문)

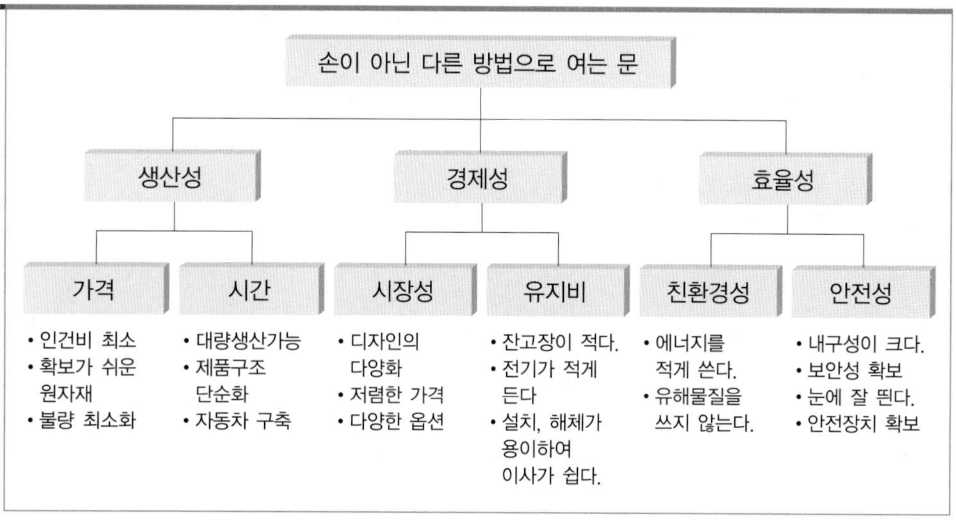

기능계통도는 해결책 시스템의 하부시스템들의 기능을 정의하고 이들 사이의 관계를 그림으로 표현한 것이다. 설계의 최종결과물인 해결책 시스템은 [그림 4.6]에서 보는 바와 같이 입력과 출력을 가지는 블랙박스의 형태이다. 그 블랙박스 내부에는 여러 개의 하부 시스템이 각자의 기능을 수행하고 있다. 이때 하부시스템들은 각자 고유의 "기능"으로 정의되어야 한다. 각 하부시스템들은 서로 연계되어 있어 정보와 동력의 흐름들을 통하여 상태 A를 상태 B로 변환하여 준다. 외부에서 제공되는 동력은 화살표로 표시하여 준다. 시스템의 기능을 기본형, 일반형, 고급형, 미래형 등으로 구분한 후 어느 단계까지 구현할 지를 선택할 수도 있다. 이렇게 하부시스템들을 구성한 후 개념설계 단계에서는 이들 하부시스템을 어떤 방법으로 구현할 지를 브레인스토밍한다.

그림 4.6
기능 계통도(예: 손이 아닌 다른 방법으로 여는 문)

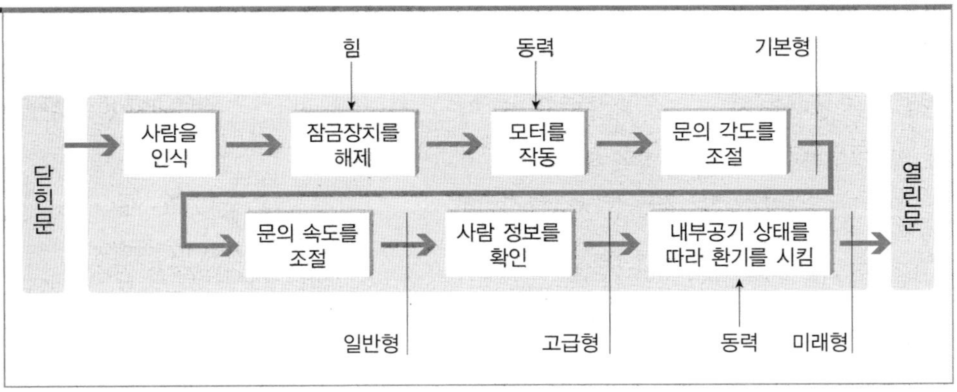

공학설계에서는 가격, 부피, 무게, 성능, 안전성, 기능성 등과 같은 제한조건이 거의 항상 부여된다. 공학설계란 이러한 제한조건 내에서 최상의 해결방안을 찾아가는 과정이다. 다음은 "손이 아닌 다른 방법으로 여는 문"이라는 과제에서 제안한 제한조건들이다.

1) 공학적

- 무게, 크기
  - 문의 무게는 20kg 이하
  - 크기는 1m × 2m × 0.1
- 성능
  - 장애인이나 노약자가 사용할 수 있을 만큼 안전해야 한다.
  - 사람이 지나갈 때 문이 닫혀서는 안된다.
  - 문은 2초 안에 열려야 한다.

- 1000N 이상의 충격을 견뎌야 한다.
- 20dB 이하의 소음이 발생하여야 한다. (20dB = 사람의 속삭임)
- 90% 이상의 에너지 효율을 나타내야 한다.

2) 경제적

- 가격, 원가
  - 제조가격이 1000만원 이하여야 한다.
  - 소매가격은 20만원 이하.

4.4 공학설계에서의 개념설계

기능계통도에서 도출된 하부시스템들의 기능을 어떻게 구현할 것인지에 대한 브레인스토밍을 수행한다. [표 4.5]는 형태학적 차트를 이용하여 기능의 여러 가지 해결책을 브레인스토밍한 결과이다.

표 4.5
형태학적 차트

	방안 1	방안 2	방안 3	방안 4	방안 5	방안 6
문이 열리는 형태	미닫이	여닫이	고속버스문	시내버스문	에어백식문	셔터식문
움직이는 방법	사람 힘	DC 모터	서보모터	에어 컴프레셔	태엽	스프링
문을 여는 방법	버튼식(손)	버튼식(발)	적외선센서	음성인식	스마트키	홍채
속도, 각도조절 및 동력전달방법	기어	전류의세기	턱 설치	압력 조절	벨트 풀리	와이어
잠금방법	걸쇠	압력 가감	디지털도어락	브레이크식	자물쇠	모터잠금

이들 방안들을 조합하여 여러 가지 대안들을 창출한다.

- **대안 1 :** 셔터식 문 + DC모터 + 버튼식(손) + 전류의 세기 + 걸쇠

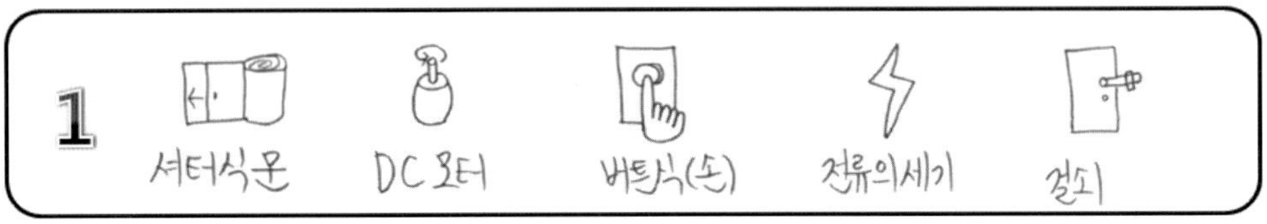

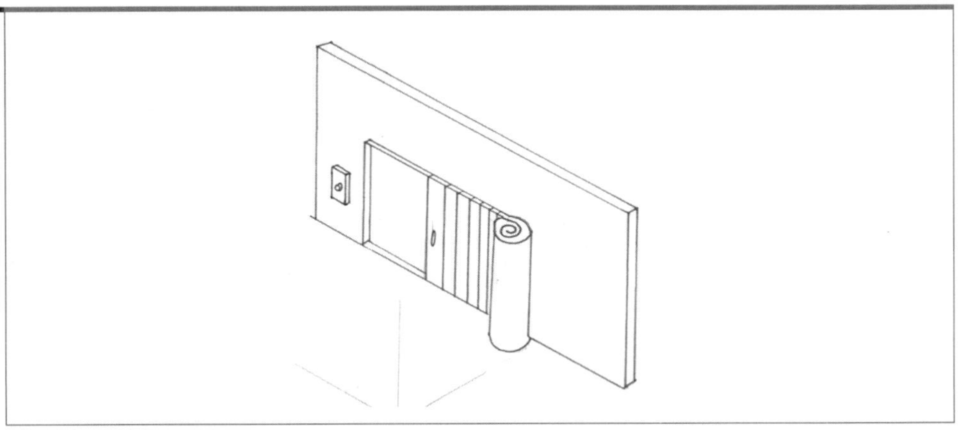

그림 4.7
대안 1의 3D 스케치

- **대안 2 :** 시내버스 문 + 에어컴프레셔 + 적외선 센서 + 압력조절 + 압력가감

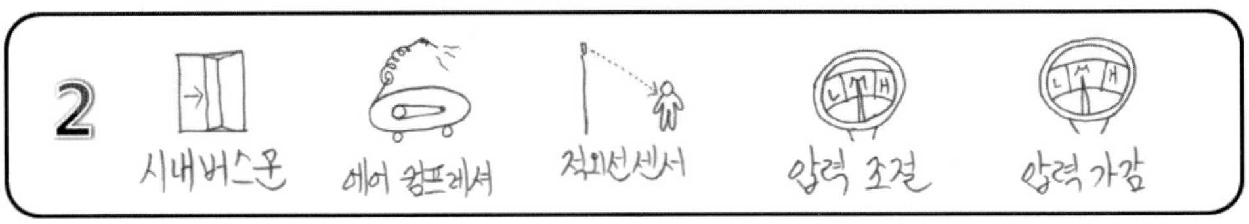

그림 4.8
대안 2의 3D 스케치

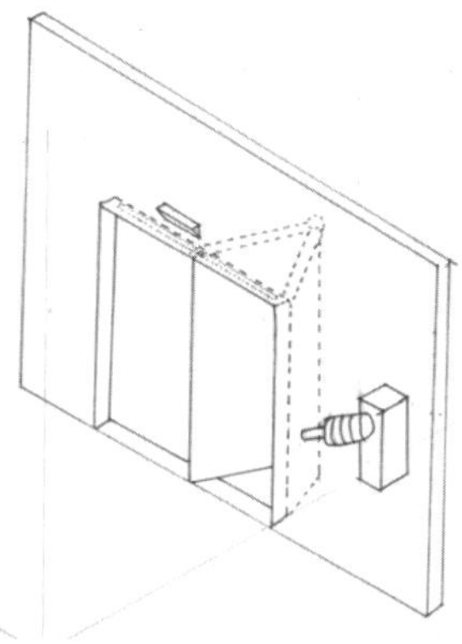

- **대안 3 :** 여닫이 + 사람 힘 + 버튼식(발) + 턱 설치 + 걸쇠

그림 4.9
대안 3의 3D 스케치

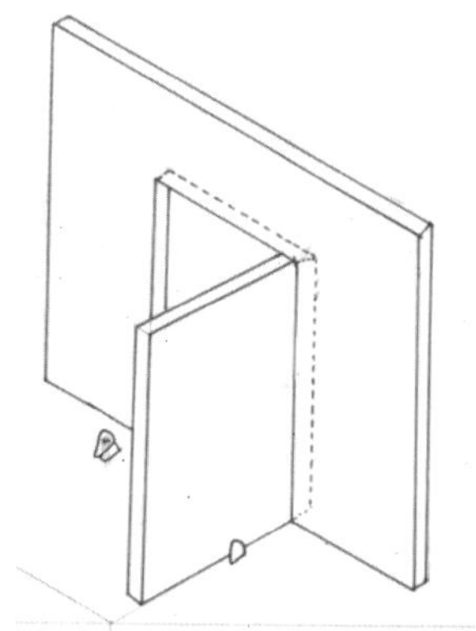

- **대안 4 :** 시내버스문 + DC모터 + 버튼식 + 전류의 세기 + 브레이크식

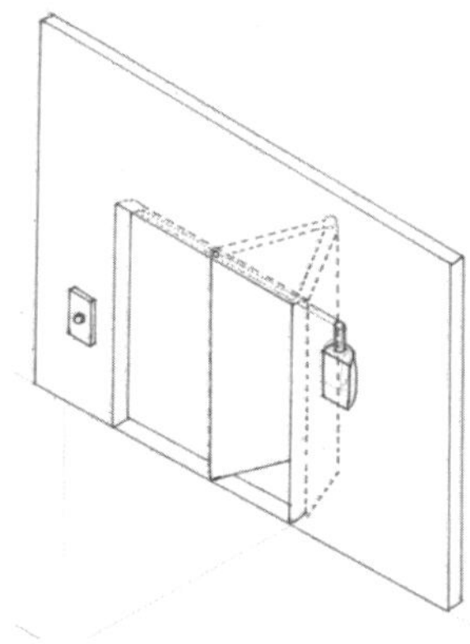

그림 4.10
대안 4의 3D 스케치

- **대안 5 :** 형태학적 차트 + Triz 발명 이론

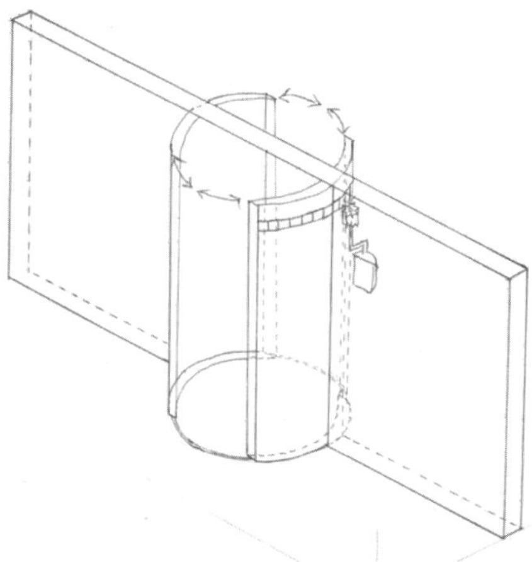

그림 4.11
대안 5의 3D 스케치

4.5 최종안의 선정

만들어진 대안들 중에서 가장 좋은 안을 얻는 방법은 뒤의 제7장에서 다룰 아이디어 판정 방법 중 가중순위비교법을 적용한다.

1) 가중순위비교법

판단기준을 브레인스토밍한 후 제7장에서 다룰 2안비교법을 이용해 투표하여 상위 4개(가격, 디자인, 창의성, 안전성)의 판단기준을 선정하였다.

표 4.6
판단기준 선정

판단기준	점수
가격	**6**
디자인	**8**
창의성	**8**
내구성	5
여닫는 속도	3
방열	2
에너지 효율성	5
공간 효율성	1
이송 방식	0
안전성	**7**

→ 위의 판단기준 중 상위 4가지를 선정

[표 4.7]은 제7장에서 학습할 가중순위결정법을 이용한 최종안 선정결과를 보여준다. 대안 5가 가장 높은 점수를 얻어서 최종안으로 결정되었다.

표 4.7
가중순위 결정법을 이용한 최종안 선정

	디자인	창의성	안전성	가격	총점
	0.3	0.3	0.2	0.2	1
대안 1	3	3	2		2.2
대안 2	2	2	1	1	1.6
대안 3		1	4	4	1.9
대안 4	1			2	0.7
대안 5	4	4	3	3	**3.6**

→ 분석결과 대안 5가 가장 타당하다고 결정
→ 직관적인 판단기준과 틀리지 않아 오류가 없음

2) 최종도면

[그림 4.12]는 최종안의 CAD 도면을 보여준다.

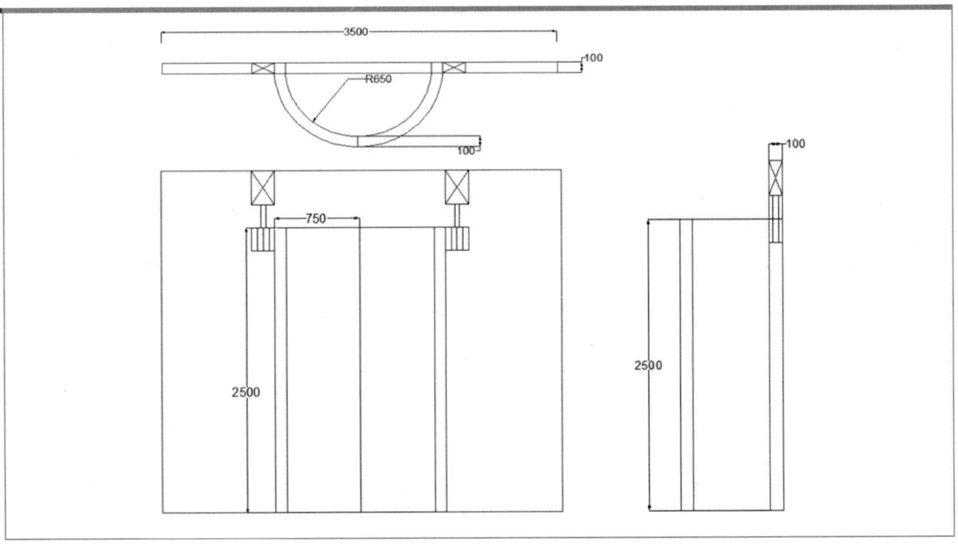

그림 4.12
최종 선택안의 도면

참고문헌

김경천 외 공역(2004), 창의적 공학설계, Haik 원저, 시그마프레스, 서울

Memo

CHAPTER 05

상황분석과 문제 정의

개요

<table>
<tr><th>학습목표</th><td colspan="3">당면한 문제의 “진짜 문제”를 도출 및 문제정의문 작성 능력배양</td></tr>
<tr><th>주제</th><th>이론제시</th><th>실습활동</th><th>응용 및 토의</th></tr>
<tr><td>진짜 문제의 정의</td><td>• 진짜 문제를 정의하는 법</td><td>문제정의 실습</td><td rowspan="3">문제정의 과정 중 어떤 점이 가장 어려운가?</td></tr>
<tr><td>문제정의문 작성</td><td>• 문제정의문 작성 요령</td><td>문제정의문 작성 실습</td></tr>
<tr><td>문제정의 도구</td><td>• QFD, 설문조사, 원인결과도</td><td>원인결과도 작성</td></tr>
<tr><th>과제</th><td colspan="3">프로젝트활동 5.1</td></tr>
</table>

5.1 문제 정의란?

준비활동 5.1

우주인들이 우주선에서 메모할 때 지상에서 사용하는 볼펜은 무중력 상태인 우주공간에서는 사용할 수가 없다. 이 문제를 해결하기 위한 프로젝트를 한 문장으로 정의해보라.

창의적 문제 해결 과정 중의 첫 번째 단계인 "문제 정의"에서 해야 할 일은 [그림 1.1]에서 설명한 현재의 문제 상태 A와 향후 개선된 상태 B를 올바로 명확히 정의하는 일이다. 사람은 자신이 문제에 봉착해 있는 경우에도 그 문제를 인식하지 못하는 경우가 많다. 이는 개구리를 찬물이 담긴 냄비에 넣고 서서히 가열하면 개구리가 문제의 심각성을 인식 못한 채 결국 죽는 것과 유사하다. 문제를 인식하였을 경우에도 문제를 올바로 정의하는 것은 쉬운 일이 아니다. 겉으로 들어난 현상과 내면의 본질이 다른 경우가 많기 때문이다.

문제정의문은 문제를 문법적 오류가 없고 의미가 정확하게 전달되는 간결하고 명쾌한 문장으로 기술한 것이다. 어떤 문제가 올바로 정의되었을 경우 그 문제는 해결될 가능성이 있지만, 문제정의가 잘못되어서 문제의 핵심을 찾아내지 못한다면 문제의 해결은 이룰 수 없다

1) 문제정의에 따라 해결책의 품질이 달라진다.

당면한 문제를 어떻게 정의하느냐에 따라 문제해결방안이 완전히 달라질 수도 있다. 다음의 예 1을 통하여 문제정의가 해결책에 어떻게 영향을 미치는지 검토해보자.

예 1

큰 고래가 어떤 잠수부를 삼켰다고 상상해보자. 그 잠수부는 고래의 뱃속에서 자신에게 닥친 문제를 인식하고 문제를 여러 가지로 정의할 수 있을 것이다: (상태 A: 고래의 뱃속에 있는 잠수부)

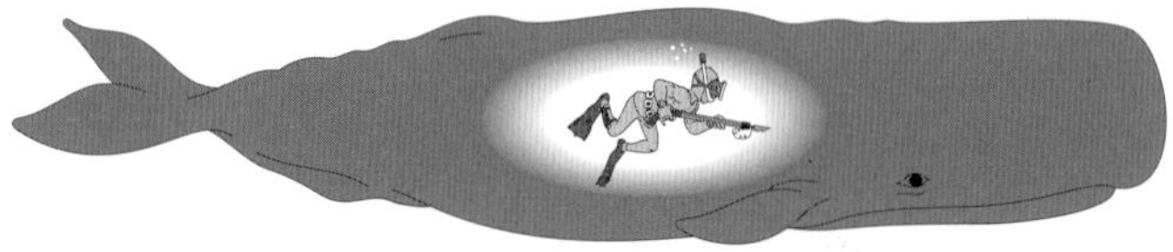

경우 1 **상태B를 "고래 밖에 있는 잠수부"로 정의한 경우**

→ 문제 정의 1: 어떤 방법으로 여기서 빠져 나갈 수 있을까?

경우 2 **상태B를 "고래 안에 살아남은 잠수부"로 정의한 경우**

→ 문제 정의 2: 이 안에서 살아남을 방안은?

경우 3 **상태B를 "유언을 들은 가족"으로 정의한 경우**

→ 문제 정의 3: 어떻게 하면 마지막 유언을 가족들에게 보낼 수 있을까?

경우 4 **상태B를 "멋있게 죽은 잠수부"로 정의한 경우**

→ 문제 정의 4: 기왕이면 멋있게 죽는 방법은 무엇일까?

문제를 "멋있게 죽는 방법은 무엇인가"로 정하고 굉장히 멋있게 죽는 방법을 찾아내는 것보다 "어떤 방법으로 여기서 빠져나갈 수 있을까"로 문제를 정의해야 살아나갈 수 있는 방법을 찾을 수 있다. 즉, 문제를 어떻게 정의하는가에 따라 해결책의 가치가 결정되는 것이다.

2) 문제정의문이 진짜 문제를 정의하는데 실패한 경우

사람들은 일반적으로 문제를 인지하는 순간, 우선 해결책을 머리에 떠올린 후 문제를 정의하는 경우가 많다. 여러분이 산길에서 호랑이를 만난다면 어떻게 하겠는가? 본능적으로 즉각 몸을 피할 해결책을 떠올려 목숨을 구하려 할 것이다. 논리적으로 문제를 정의하고 해결책을 찾으려는 천성적으로 논리적인 사람은 아마 전부 맹수들에게 잡아 먹혔을 것이다. 따라서 살아남은 우리 인간은 천성적으로 본능에 충실하게 된 것이 아닐까? 그런데 이러한 생존에 필요한 성급한 사고 습관이 몸에 배어 공학적 문제에서도 다른 대안을 충분히 고려하지 않고 먼저 떠오른 해결책으로 문제를 해결하려는 경향이 있는 것이다. 이렇게 문제를 인식하자마자 떠오른 성급한 해결방안은 문제의 핵심을 제대로 파악하지 못한 경우가 허다하다. 즉, 문제의 정의가 제대로 안된 것이다. "문제 정의"는 진짜 문제가 무엇인가를 찾는 과정이다. 우리들은 문제에 직면하면 그 문제의 겉모습만 바라봄으로써 진정한 문제해결에 실패하는 경우가 종종 있다. 따라서 우리는 좌뇌를 이용한 논리적, 순차적인 사고방식과 우뇌를 이용한 감성적, 창의적 사고방식을 충분히 사용하여 문제의 진짜 문제, 즉, 근본원인을 찾아내어야 한다. 다음의 두 가지 예를 살펴보자.

예 2

월요일 아침에 초등학생인 철수가 침대에서 일어나지 않으려고 한다. 철수는 신음소리를 내며 배가 아프다고 한 후 학교에 갈 수 없을 것 같다고 말한다. 철수의 배가 아픈 것도 문제이고, 철수가 학교를 갈 수 없는 것도 문제이다. 여러분은 이 문제들를 해결하기 위하여 다음과 같이 문제를 정의할 수 있을 것이다.

- 일반적인 문제 정의: 철수가 학교에 못 갈 정도로 배가 아프다.
- 안 좋은 문제 정의: 위장장애 때문에 배가 아프다(문제를 정의하는 순간 벌써 복통이 위장장애로 인한 것이라고 단정하고 해결책까지 결정한 상태에서 문제를 정의한다. 앞의 일반적인 문제 정의문에서도 많은 사람들은 위장장애 때문에 배가 아프다고 생각한다).
- 정의된 문제의 해결책: 병원에 가서 위장장애에 대한 치료를 한다.

그러나 철수가 학교에서 아이들에게 집단 따돌림이나 괴롭힘을 당하고 있기 때문에 학교에 가기 싫어서 꾀병을 부리거나, 또는 심리적인 스트레스에 의해서 실제로 배가 아픈 것이라면 앞의 해결책으로는 현재의 문제를 해결할 수 없다. 대신 학교에서의 집단 따돌림 문제를 해결해야 되는 것이다.

- 진짜 문제 정의: 철수가 학교에서 집단 따돌림을 당한다.
- 진짜 문제의 해결책: 학교에서의 집단 따돌림 문제를 해결한다.

→ 배 아픈 것이 해결된다.

예 3

영수는 잠을 편하게 자려고 킹 사이즈 물침대를 사용하게 되었다. 어느 날 아침에 일어난 영수는 침대 한가운데가 물에 흥건히 젖어 있는 것을 발견했다. 그는 물이 새는 구멍을 더 쉽게 찾기 위해 물침대를 잔디밭 정원으로 끄집어낸 후 물을 더 주입했다. 그러나 물 때문에 더 불룩해지고 부피가 커진 매트리스는 경사지고 물에 젖은 잔디밭을 미끄러지기 시작하여 결국 가시덤불에 처박혀 터져버렸다. 물침대 때문에 고생하고 질려버린 영수 물침대 매트리스와 프레임을 모두 버리고 일반 침대를 새로 샀다. 다음날 아침, 영수가 일어났을 때 침대 한가운데가 물에 흥건히 젖어 있었다. 이층 화장실에서 물이 샜던 것이었다. 문제의 원인을 속단하고, 문제 정의를 제대로 하지 못한 것이 문제였었다. 이런 일은 자주 일어난다.

앞의 예 3에서 영수는 문제를 "어떻게 매트리스에서 물이 새는 것을 고칠 수 있을까?" 라고 정의를 하고 문제 해결에 착수하였다. 그러나 이 문제정의문은 틀린 것이었다. "침대 위의 물은 어디서 온 것일까?" 라는 문제정의문이 올바른 것이다. 이렇게 정의를 했다면 물이 생길 수 있는 여러 가지 다른 대안들을 생각해 볼 수 있었을 것이고 이층 화장실이 고장난 것을 찾아냈을 것이다. 즉, 표면에 드러난 문제의 진짜 문제를 정확하게 정의해야만 한다. 이것이 문제 해결의 첫걸음이며 진짜 문제를 찾아내지 못하면 문제는 결코 해결될 수 없다.

5.2 진짜 문제를 정의하는 법

당면한 문제에 대하여 진짜문제를 정의하고자 할 때 단 한 번의 시도로 잘 정의된 문제정의문을 만드는 것은 힘들기 때문에 최초의 문제정의문이 만들어진 후 여러 번의 수정을 거쳐서 문제정의문을 다듬어 나가야 한다. 먼저 문제의 현재 상태 A

와 개선될 상태 B를 잘 정의해야 한다. 이를 이용하여 최초의 문제정의문을 작성한 후, 여러 가지 방법으로 문제정의문을 다듬고 최종의 문제정의문을 만든다.

1) 문제의 현재 상태 A와 개선된 상태 B를 정의한다.

문제를 정의하는 사람은 문제와 관련된 자료를 수집하여 자기가 미처 알지 못하는 진짜 문제가 숨어 있는지 살펴보아야 한다. 이때 설문조사나 인터뷰 등 여러 가지 설문 조사 방법들이 사용될 수 있다. 앞의 "배 아픈 철수" 문제에서 당신이 철수의 친구들을 인터뷰 했다면 진짜 문제를 찾아내기 쉬웠을 것이다. 또한 판매되고 있는 제품의 소비자 설문조사를 통하여 기존 제품의 문제점들을 파악할 수 있을 것이다. 이렇게 찾아낸 문제의 상태 A와 상태 B를 명확히 정의함으로써 문제정의를 제대로 할 수 있다.

2) 최초의 문제정의문을 [표 5.1]의 "문제정의문 작성요령"에 맞게 작성한다.

표 5.1
문제정의문 작성 요령

1) 문법에 맞는 문장을 작성하라.
- 문장이 문법에 맞지 않으면 문장의 의미가 정확히 전달되지 않는다.
- 문장이 길어지면 주어와 술어가 서로 일치하지 않는 경우가 있으므로 주어와 술어가 일치하는지 확인해본다.

2) 문장을 간결하게 작성하라.
- 문제를 자세히 구술하다보면 문제정의문이 길어질 수 있다. 너무 긴 문장은 도리어 문제의 핵심을 정확히 전달하는데 방해가 된다. 문제정의문은 간결하고 명확하게 작성하고, 부차적인 제한조건이나 설명들은 따로 문장으로 작성하는 것이 바람직하다.

3) 부정문 보다는 긍정문으로 작성하라.

4) 수동형보다는 능동형 문장이 더 좋다.

3) 최초 작성된 문제정의문을 다시 작성해본다.

최초에 만들어진 문제정의문에는 잘못된 점이 있을 가능성이 많다. 어떻게 하면 오류가 있는 문제정의문을 올바른 문제정의문으로 다시 작성할 수 있을까? 다음의 방법으로 문제정의문을 다시 작성해보자.

(1) 바꾸어 말하기:

문제가 발생한 상황들을 고려하여 유사한 의미를 갖는 다른 문장으로 바꾸어 말해본다. 문제의 원래 의미를 잃지 않도록 주의하면서 다른 단어를 이용하여 문제를 여러 번 다시 말해본다. 이 과정에서 처음에 미처 생각하지 못했던 문제의 다른 면을 볼 수 있다.

예 1) "무중력 상태에서 우주인들이 볼펜을 사용할 수가 없다."
→ 무중력 상태에서 우주인들이 사용할 수 있는 필기구를 개발한다.

예 2) 어떻게 하면 자동차 생산직 근로자들의 생산성을 높일 수 있을까?
→ 어떻게 하면 자동차 생산직 근로자들의 작업 효율성을 향상시킬 수 있을까?

표 5.2
최초에 만들어진 문제 정의문에 있을 수 있는 잘못된 점

1) 초점이 없는 경우: 정의가 너무 모호하거나 넓다.
예) "작업장의 컴퓨터에 대해 우리가 무엇을 해야 하는가?" 이런 문장은 문제를 정의해주지 않는다.

2) 초점의 방향을 잘못 설정한 경우: 정의가 너무 좁다.
예) 문제 정의의 어려움에 대하여 5.1절에서 서술한 예2와 예3

3) 정의문이 가정에 근거한 경우
예) "철수의 성적이 떨어지고 있다. 어떻게 더 열심히 공부하도록 만들 수 있을까?"
철수의 성적이 떨어지는 이유가 열심히 공부하지 않기 때문이라고 가정하여 문제를 정의하였다. 철수가 최대한 노력하고 있는데도 다른 이유 때문에 성적이 나빠지는 것이라면 이와 같은 문제정의에서 나오는 해결책들은 상황을 더욱 악화시키게 된다.

4) 정의문이 해결책에 근거한 경우
예 1) "무중력 상태에서 우주인들이 볼펜을 사용할 수가 없다." 필기도구로서 볼펜을 사용한다는 해결책이 문제 정의문에 들어있다. 연필과 같은 다른 해결책이 문제 정의문에 의해서 제외되었다.
예 2) "달 표면 탐사차량에서 사용되는 백열전구가 잘 깨어진다."
달 표면 탐사차량에 기존 형태의 백열전구가 꼭 필요한가? 이 문제는 기존 백열전구의 유리를 제거함으로써 해결되었다. 달은 공기가 없기 때문에 유리가 필요 없었던 것이다.

(2) 정반대로 정의하기:

예) • 문제 정의문: 종업원들이 야유회에 많이 참석하도록 하는 방법이 무엇일까?
• 정반대로 정의하기: 종업원들이 야유회에 참석을 많이 하지 못하도록 하는 방법이 무엇인가?

정반대의 정의를 해봄으로써 무엇이 문제를 일으키는지 쉽게 알아볼 수 있다. 즉 종업원들이 어떤 경우에 야유회에 참석하기를 싫어할지를 알아낸 다음 그런 경우를 제거하는 방법이다. 예를 들어서 교회에 열심히 나가는 사람들은 일요일에 야유회를 하면 참석하기 어려울 것이다. 따라서 일요일 이외의 날에 야유회를 함으로써 참석을 유도할 수 있다.

(3) 초점을 넓혀라: 좀 더 넓은 문맥에서 문제를 재정의하라.

• 초기 문제정의문: 직업을 바꾸어야 하나?
• 넓은 초점: 어떻게 직업의 안정성(job security)을 얻을 수 있나?

초기의 문제 정의문은 "예", " 아니오"의 대답 밖에 얻을 수 없으므로 다른 대안을 생각하는 것을 봉쇄해버린다.

(4) 초점의 방향 전환: 대담하게 의식적으로 초점을 변경하라.

• 초기 문제 정의문: 어떻게 판매를 촉진할 수 있는가?
• 방향전환: 어떻게 비용을 줄일 수 있는가?

이 방법은 창의성을 많이 요구한다. 따라서 가장 어렵지만 매우 생산적인 결과를 가져오곤 한다.

(5) "왜"라고 질문하라.

"왜"라고 질문하고 그 대답에 기초하여 문제 정의문을 새롭게 만들어라. 그리고 "왜"라고 다시 질문하고 그 대답에 기초하여 다시 새로운 정의문을 만들어라. 진짜 문제의 핵심이 드러날 때까지 이런 과정을 몇 번 반복하라.

예) 어느 도로 감독관 하나가 고속도로상의 한 지점에서 날마다 심한 교통체증이 발생하는 것을 목격하고 그것을 해결하고자 했다. 먼저 문제에 대한 가능한 정의를 내린 다음 관련된 해결책을 찾아보아야 한다. <왜>를 사용하여 문제를 더욱 넓게 서술해야 한다.

최초의 문제정의문이 "어떻게 하면 차량 소통을 원활하게 하기위해 고속도로를 넓힐 수 있을까?"라고 정의 되었을 때 "왜"라고 질문하여 다른 해결책을 찾아내는 과정을 [표 5.3]에서 볼 수 있다.

표 5.3
"왜?"를 사용하여 문제를 더욱 넓게 서술하는 과정

최초의 문제 정의문: 차량 소통을 원활하게 하기 위해 어떻게 고속도로를 넓힐수 있을까?	
문제 정의문	**수정된 문제 정의문의 가능한 해결책**
〈질문〉왜 고속도로를 넓히려 하는가? **〈답〉**차량소통을 원활히 하기 위하여 **〈수정된 문제 정의문1〉**어떻게 하면 차량소통을 원활하게 할수 있을까?	• 새로운 차선을 건설하여 도로폭을 넓힌다. • 노면을 넓힌다. • 또 다른 도로를 만든다. • 일반도로를 사용한다. • 현재의 고속도로 갓길을 길로 이용한다.
〈질문〉왜 차량소통을 원활하게 하려 하는가? **〈답〉**고속도로 상의 그 지점을 지나는 사람들의 통행량을 증가시키기 위해서 **〈수정된 문제 정의문2〉**어떻게 하면 고속도로의 이 지점을 지나는 사람들의 통행량을 증가시킬 수 있을까?	• 앞의 두 개의 문제 서술에 대한 해결책 전부 • 차량 집결지를 만든다. • 버스와 기차의 운행을 늘린다.
〈질문〉왜 사람들의 통행량을 증가시키려 하는가? **〈답〉**교통체증을 해소하기 위해서 **〈수정된 문제 정의문3〉**어떻게 하면 고속도로의 이 지점에서 교통체증을 해소할 수 있을까:?	위의 세 문제 서술에 대한 해결책 전부. 그 지역의 교통체증 현상을 널리 알리고 되도록 다른 길을 택하도록 유도한다. 그 지역 큰 공장의 출퇴근 시간에 체증이 가장 심한 시간에 그 부근의 연락용 경사로를 모두 개방 연결한다.

실습활동 5.1 : 위 예제를 참고하여 당신의 문제에 문제정의 과정을 적용해보아라.

최초의 문제 정의문:

문제 정의문	수정된 문제 정의문의 가능한 해결책
〈질문〉 〈답〉 〈수정된 문제 정의문1〉	
〈질문〉 〈답〉 〈수정된 문제 정의문2〉	
〈질문〉 〈답〉 〈수정된 문제 정의문3〉	

5.3 프로젝트 수행을 위한 문제정의 과정

여러분들은 교과목에서 팀 프로젝트의 주제를 선정하고 프로젝트를 수행할 것을 요구받을 수도 있을 것이다. 학생들이 팀 프로젝트를 수행하기 위해서 과제의 주제를 정하는 과정은 다음을 따르는 것이 좋다.

1) 팀을 정하라.

(1) 프로젝트 팀은 교수가 정해 줄 수도 있고, 학생들이 스스로 정할 수도 있다.

(2) 팀은 가능한 사고성향, 학년, 전공, 성별들이 서로 다른 학생들로 구성되도록 한다.

(3) 팀은 팀장, 서기, 촉진자, 과정관찰자 등의 역할분담을 한다.

2) 문제 주제를 선택하라.

(1) 브레인스토밍과 아이디어 다듬기와 판정으로 구성되는 창의적 문제해결의 모든 과정을 실습해볼 수 있는 주제를 정하는 것이 좋다. 주제의 범위가 너무 좁으면 창의적 문제 해결과정을 충분히 실습해볼 수 없다. (주제 범위가 너무 좁은 예: 사람들이 꺼내기 쉽게 출구가 높은 곳에 있는 자판기를 설계하라.)

특히, 최종결과물을 미리 고려하여 주제를 선정해서는 안된다. 이 경우에는 창의적 문제 해결과정에서 의도적으로 그 결과물이 도출되도록 조작할 위험이 있다.

(2) 정해진 기한에 프로젝트를 완수할 수 있는 주제를 정해야 한다.

(3) 너무 어렵거나 너무 쉬운 주제는 선택하지 않는다.

(4) 문제 주제를 선택하기 위해서 사람들에게 설문조사를 할 필요가 있을 수도 있다.

예 1: 생활하면서 개선이 되었으면 좋겠다고 생각하는 생활용품이 있습니까?

예 2: 학교생활에서 어떤 점이 개선되어야 한다고 생각합니까?

이런 설문조사를 통하여 문제의 영역들을 발굴하고 그들 중에서 프로젝트의 주제를 선정한 후 다시 설문조사를 통하여 주제의 문제점들을 구체적으로 조사해야 한다.

3) 문제의 주제에 초점을 맞추어라.

수렴적/발산적 연쇄질문(5.4절 참조)을 함으로써 문제의 범위를 줄이거나 넓힌다.

4) 정보와 소비자 데이터를 수집하라.

질문항목을 만들어 설문지를 완성한 후, 설문조사를 수행하고 설문지를 수집한다.

5) 정보를 분석하라. 파레토도를 만들어라. 브리핑을 준비하라.

설문조사 내용을 분석하여 파레토도를 만든다. 진짜 문제를 찾아낸다.

6) 문제정의문 개발: 긍정적인 문장으로 쓰도록 한다.

“[표 5.1] 문제정의문 작성 요령”에 따라 문장을 작성한다.

사례연구 – 헤어 아이언(hair iron)

문제찾기: 열전달 수업을 듣는 학생 4명을 조원으로 하는 그룹은 그들의 팀 프로젝트로 한 주제를 정해야 했다. 그들은 여러 가능성에 대해 논의했다. 한 팀원이 그녀의 헤어 아이언이 불만스럽다고 했을 때, 그 그룹은 그 문제를 조사해 어떤 적절한 디자인 프로젝트를 만들 수 있는지를 연구하기로 결정했다.

문제의 상황과 데이터 수집: 그 팀은 특허조사를 실시하고 벤치마킹 데이터를 위해 인기있는 헤어 아이언을 살펴보고 헤어 아이언의 경향에 관한 기사들과 다른 개인 미용용품에 있어 개발경향들을 조사했다. 이 프로젝트에서 소비자 설문조사는 필수였다. 학생들은 [표 5.4]에 나타난 것과 같은 설문지를 만들어 정보를 수집하였다.

데이터 분석과 파레토 도표: 소비자 설문조사는 소비자가 헤어 아이언을 구입할 때 가격이 가장 결정적인 요인으로 작용하고 다음으로 특징과 필요정도로 꼽았음을 보여주었다. 상표

명은 4번째 요인이었다. 거의 모든 응답자가 헤어 아이언을 높은 온도에 놓고 사용하였으며, 15% 정도가 중간 온도에, 그리고 몇 명만이 낮은 온도에서 사용한다고 대답하였다. 80%에 가까운 응답자가 헤어 아이언에 5천원~1만원 정도를 쓸 수 있다고 대답하였다. 50%정도의 응답자는 집에서 사용한다고 하였고, 다음은 체육관, 학교, 직장 순으로 나타났다. 확인된 문제들과 빈도수는 아래의 파레토도에 의해 구성되었다.

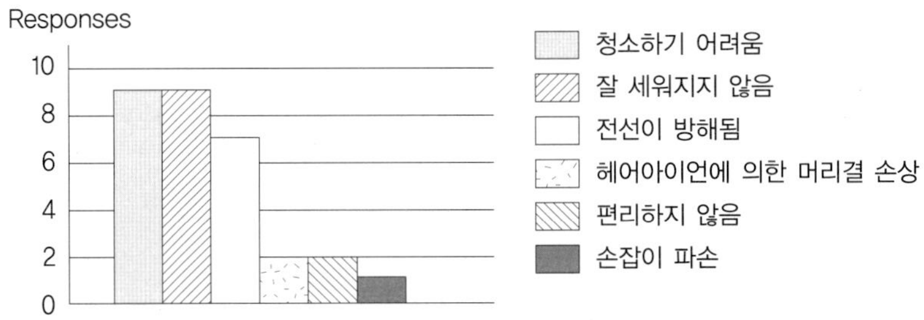

브리핑 문화와 "계속 추진" 결과: 파레토 도표에 나타난 것과 같이 소비자 설문조사는 빨리 뜨거워지는 것과 들고 다니기 쉽다는 것을 장점으로 꼽았다. 설문조사는 아직도 개선점이 많이 남아 있다는 것을 보여주었기 때문에 이 팀은 그 프로젝트를 계속 추진하기로 결정했다.

문제점 서술(긍정적인 목표로서): 최적성능을 위한 열전달 분석을 이용하여 소비자의 욕구를 만족시키는 개선된 헤어 아이언을 설계하라.

[인용: 창의적 문제해결과 공학설계 파워북, 2000]

표 5.4
설문조사서

헤어 아이언 설문조사

1. 나이가 몇 살 입니까?
   5~13　　14~17　　18~25　　25세 이상
2. 당신 머리카락은 다음 중 어떤 종류입니까?
   ______가는 머리　______퍼머 머리　______짧은 머리
   ______거친 머리　______염색 머리　______어깨정도 길이
   ______굵은 머리
3. 지금까지 헤어 아이언을 몇 개나 구매 또는 선물 받으셨습니까?
   1　2　3　4　5　6　6개 이상
4. 헤어 아이언을 살 때 고려하는 요인은?
   특징　　회사이름　　가격　　필요정도
5. 한번 헤어 아이언을 사면 얼마나 오랫동안 사용하십니까?
   6개월이내　1년이내　1~2년　2~5년　5년 이상
6. 머리길이가 보통 어느 정도일 때 헤어 아이언을 주로 사용하십니까?
   짧은 머리　　어깨정도 머리　긴 머리
7. 좋은 헤어 아이언을 구입할 때 얼마정도의 비용을 예상하십니까?
   ___________원
8. 헤어 아이언 외에 어떤 기구로 머리카락을 손질하십니까?
   세트기(hot rollers)　고무세트기(hot sticks)　퍼머
   그 외 _______________
9. 헤어 아이언을 주로 어디서 사용하십니까
   집　　학교　　차 버스
   체육관　　직장
10. 헤어 아이언을 얼마나 자주 사용하십니까?
    1/달　　1/주　　2~5/주
    1/하루　　하루 한 번 이상
11. 헤어 아이언으로 머리 손질하는 데 드는 시간은?
    _______________분/매일
12. 마음에 드는 컬(curl)하나를 만드는 데 드는 소요시간은?
    _______________초

5.4 문제 정의 과정에서 도움이 되는 방법들

다음은 문제를 정의하는 과정에서 문제를 분석하고 정리하는데 도움이 되는 방법들이다. QFD는 소비자의 요구사항을 수렴하여 제품설계에 반영하는 방법이며 벤치마킹은 경쟁사의 제품과 자사의 제품을 비교하여 제품향상을 도모하는 방법이다. 설문조사도 소비자의 요구 사항을 알아내는 유익한 방법이며 파레토도는 설문조사 내용을 효과적으로 표현해준다. 원인결과도는 문제의 원인들을 체계적으로 정리하는데 유용하며, 수렴적/발산적 연쇄질문 방법은 숨어있는 문제들을 드러내는데 사용될 수 있다.

1) QFD(Quality Function Deployment)와 벤치마킹(Benchmarking)

QFD(품질기능전개)는 3개의 단어(Quality, Function, Deployment)로 구성되어 있는데, 이는 다음과 같은 의미를 가지고 있다. 고객의 기대를 만족시키는 제품의 품질(Quality), 속성, 특성, 특징, 성능을 측정 가능한 기능용어(Function)로 나타내어 하부단계로 전개(Deployment)한다(부록 A.2 참조).

벤치마킹은 원래 벤치(bench)에 앉아서 제품을 살펴보고 표시 혹은 기록하는 것(marking)을 의미하는데 제품의 장단점을 분석해내기 위하여 성공적인 타사 제품과 비교하고 이를 자사의 제품에 반영하는 것이다. 이 기법은 단지 제품의 설계에만 응용되는 것은 아니고 모든 공학문제해결과 회사의 운영 방식이나 업무 프로세스에 많이 반영되고 있다. 생산품에 대한 소비자의 클레임과 불만을 분석하거나, 경쟁사와 비교해 생산품이나 서비스를 평가해야 할 때는 벤치마킹 기술이 사용된다.

2) 설문조사와 파레토도

제조업체나 서비스업체들은 "소비자의 목소리"에 관한 데이터 수집을 위해 설문조사에 의존한다. 이 데이터는 파레토(Pareto) 도표로 분석, 가시화할 수 있다. 이 접근법은 학생들에게 흥미로운 연습이 될 수 있는데 그 이유는 조사를 통해 확인된 문제의 원인들은 학생들이 진짜 문제라고 생각한 것과 대부분은 엄청난 차이가 있기 때문이다. 예를 들어 자전거 자물쇠에 대한 설문조사를 통하여 확인된 가장 큰 문제는 절도가 아니라 자전거 주인이 그 자물쇠를 열지 못한다는 것이었다. 이런 특별한 통찰은 문제해결의 방향을 전환시켰다. 토스터에 대한 조사에서는 토스터가 주방화재의 원인이 될 수 있음을 보여 주었다. 빈도는 높지 않지만 그것의 잠재된 위험과 비용이 상당히 높음으로써, 화재방지가 토스터 디자인 개선에서 매우 중요한 판단기준 중 하나가 되었다.

설문조사에 의해 수집된 데이터는 파레토도를 이용하여 효과적으로 제시될 수 있다. 파레토도는 한 나라 인구의 20%가 80%의 부를 관리한다는 사실에 놀란 이탈리아 경제학자 파레토(Vilfredo Pareto)에 의해 창안된 그래프이다. 이 80/20 원칙은 상위 20%의 문제요인들을 제거하여 80%의 문제를 해결할 수 있다는 의미도 된다.

파레토도는 설문조사 등에서 얻은 문제의 원인을 히스토그램으로 그릴 때 중요도 순서대로(즉, 높은 빈도수의 문제의 원인을 앞에 정렬하여) 그린 그래프이다. 파레토도는 핵심적이고 가장 중요한 20%의 문제요인을 찾아내고, 별로 중요하지 않은 문제 요인들로부터 분리하기 위해 사용되는 특수한 막대그래프이다. 따라서 파레토도를 보면 어떠한 요소나 요인이 먼저 개선되어야 하는지 알 수 있으며 이들 20%의 문제요인들을 해결함으로써 80%의 문제를 해결할 수 있다. [그림 5.1]는 파레토도를 보여주는데 문제원인 A와 B가 전체 문제 발생수의 80%를 일으킴을 볼 수 있다.

그림 5.1
파레토도의 예(식기세척기의 문제점 설문조사 파레토도)

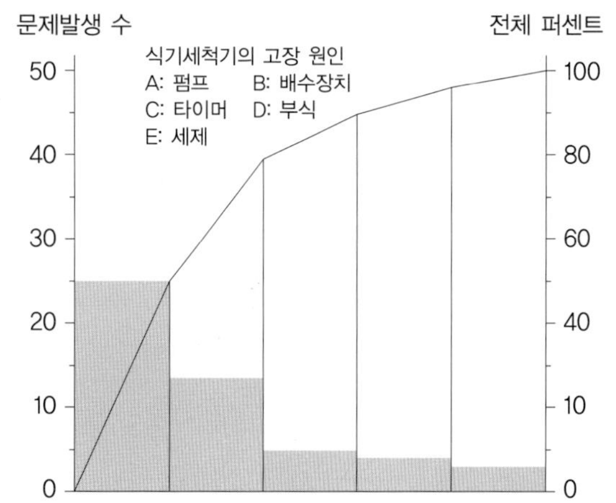

3) 원인결과도(cause-and-effect or fishbone diagram)

원인결과도는 문제의 원인을 체계적으로 찾아낼 수 있도록 해주는 도구로서, 문제의 원인을 인식하는데 매우 유용한 방법이다. [그림 5.2]는 식기세척기의 식기세척불량이라는 문제의 원인을 분석한 원인결과도를 보여준다. 원인결과도의 모습이 생선의 뼈를 닮았다고 해서 피쉬본 도표(fishbone diagram)라는 이름으로도 불린다.

예) 자동 식기세척기로 설거지를 한 후 접시가 깨끗하지 못한 현상이 발생하였다. 원인결과도를 이용하여 원인이 무엇인지 분석해보라.

그림 5.2
식기세척기의 식기 세척 불량 원인을 분석한 원인결과도의 예

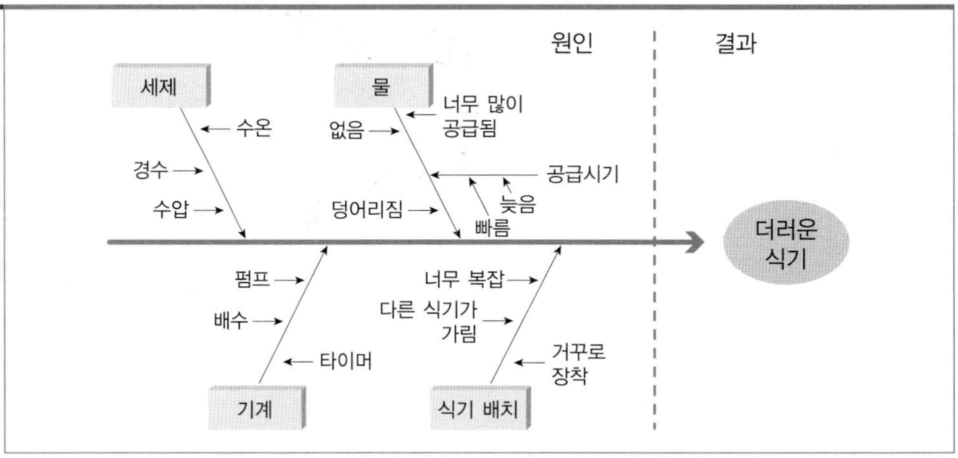

(1) 원인결과도 작성 순서

① 종이의 오른쪽에 원을 그리고 그 안에 해결해야 할 문제를 쓴다.

② 왼쪽으로 직선을 긋는다. 이것은 생선의 등뼈에 해당한다.

③ 생선의 등뼈에서 45도 경사선을 긋는다.

④ 문제의 모든 원인들을 브레인스토밍하여 각 가지의 끝에 원인의 범주를 적는다.

⑤ 필요하면 곁가지들을 수평선 형태로 추가한다. 곁가지보다 한 단계 더 낮은 가지는 다시 45도 경사선으로 표시한다.

⑥ 좀더 복잡한 원인들을 꼬리부분에 적고 덜 복잡한 원인들을 머리 부분에 적는다.

(2) 원인결과도의 장점

① 문제해결자가 결정을 하기 전에 문제의 모든 원인들을 찾게 해준다.

② 문제 원인들 사이의 연관성과 상대적인 중요도를 보여준다.

③ 문제해결자가 문제에 집중할 수 있게 하여 창의적 문제 해결 과정을 시작하도록 도움을 준다.

④ 문제해결을 위한 논리적 과정을 시작하게 하는데 도움을 준다.

⑤ 문제의 전체를 볼 수 있게 도와준다.

⑥ 복잡한 문제를 범위가 작고 덜 복잡한 세부 문제들의 집합으로 표현해 줌으로써 해결을 쉽게 해준다.

⑦ 사람들을 진짜 문제에 집중할 수 있게 해준다.

실습 활동 5.2 : 원인결과도를 이용하여 문제정의를 하여라.

1) 학교 생활이 재미가 없다면 원인결과도를 이용하여 그 원인을 분석해보아라.

2) 학점의 평점이 낮다면 원인결과도를 이용하여 그 원인을 분석해보아라.

3) 집의 거실에 있는 TV를 리모콘으로 켰는데 TV가 작동을 하지 않는다. 원인결과도를 이용하여 그 원인을 분석해보아라.

---

4) 수렴적/발산적 연쇄질문(squeeze and stretch)

문제에 대하여 더욱 좁은 범위로 집중하여 파고들거나(squeeze), 문제의 범위를 점점 넓혀 가서(stretch) 문제의 배경이 무엇인지를 찾아냄으로써 문제를 더 잘 정의할 수 있다.

(1) 수렴적 연쇄질문(Squeeze a problem):

① 문제의 기본 요소를 찾아내는데 사용한다.

② 해결방안을 찾기 위해 문제를 작은 단위로 나눌 필요가 있을 경우 사용한다.

③ "왜"라는 단어로 시작되는 질문을 연속적으로 하여 "이유"를 알아낸다.

수렴적 연쇄 질문의 예

예 1

질문: 왜 나는 이것을 하고 있는가?

답: 왜냐하면 내가 원하기 때문이다.

질문: 왜 내가 원하는가?

답: 왜냐하면 상사가 지시했기 때문이다.

질문: 왜 상사는 내가 이 일을 하기 원했는가?

답: 왜냐하면 그 상사의 상사가 이 일을 하기 원했기 때문이다.

예 2

질문: 왜 당신은 청구서 처리업무를 개선시키려고 하십니까?

답: 왜냐하면 나는 항상 청구서 처리 기한을 넘기기 때문입니다.

질문: 왜 항상 늦게 되죠?

답: 왜냐하면 늘 너무 꾸물대는 버릇이 있기 때문이죠.

질문: 왜 꾸물댑니까?

답: 왜냐하면 나는 서류 처리하기를 싫어합니다.

질문: 왜 서류 처리를 싫어합니까?

답: 왜냐하면 그것은 내가 싫어하는 순차적인 사고가 필요하기 때문입니다.

진짜 문제는 예산과정이나 꾸물대는 습관에 있는 것이 아니라 사고성향이 맞지 않은 사람에게 그 일을 시킨 데 있다.

(2) 발산적 연쇄질문(Stretch a problem):

① 어떤 다른 요소가 연관되어 있는지 알아내는데 사용된다.

② 좋은 주제이지만 문제정의의 범위가 너무 좁기 때문에 문제 범위를 넓힐 필요가 있을 경우 사용된다.

③ "이것은 무엇에 관한 것이냐" 라는 질문으로 "목적"을 알아낸다.

예 1

질문: 이 문제는 무엇에 관한 것인가?

답: 재정 분석을 학습하는 것

질문: 재정분석이 무엇인가?

답: 계정들 사이의 관계와 회계

질문: 학습이 무엇인가?

답: 발견, 계발 등

질문: 회계는 무엇인가?

답: 조직의 거래에 의미를 주는 것

예 2

질문: 이 문제는 무엇에 관한 것이냐?

답: 주택공급

질문: 왜 주택공급을 하려는 것인가? (목적을 물어봄)

답: 따뜻하고 안락하기 위해서

질문: 왜 따뜻하고 안락하려는 것인가?

답: 사랑 받고 보살핌 받고 안전하다고 느끼기 위해서

그 문제가 단지 육체적 필요뿐만 아니라 정신적인 필요도 포함하고 있다는 것을 보여 준다. 문제 해결자가 문제에 관해 더 나은 이해를 할 때까지 이러한 과정들을 계속한다.

5) SWOT 분석

SWOT분석이란 상황을 분석하고 대응전략을 구상하는 도구로서 Strength, Weak, Opportunities, Threats의 앞 글자를 따서 만든 용어이다.

1) 내부환경(경쟁자와 비교했을 때 우리가 가지고 있는 강점과 약점은 어떤 것이 있는가?)

S: Strength(강점)

W: Weakness(약점)

2) 외부환경(외부에서 다가오는 기회 또는 위협 요인에는 어떤 것이 있는가?)

O: Opportunities(기회)

T: Threats(위협)

다음 [표 5.5]는 SWOT 매트릭스이다. 자신의 강점과 약점을 분석하여 첫째 열(S1, S2..., W1, W2...)에 적어넣고, 외부의 기회요인과 위기요인을 분석하여 첫째 행(O1,O2...T1,T2..)에 적는다.

그 후 S/O, S/T, W/O, W/T 전략을 구상하여 각각의 상자에 적는다.

표 5.5
SWOT 매트릭스

SWOT분석	Opportunities (기회요인) O1. ________ O2. ________ ⋮	Threats (위기요인) T1. ________ T2. ________ ⋮
Strength(강점) S1. ________ S2. ________ ⋮	S/O 전략 (강점으로 기회를 살리는 전략)	S/T 전략 (강점으로 위험을 피하거나 최소화하는 전략)
Weakness(약점) W1. ________ W2. ________ ⋮	W/O 전략 (기회를 통하여 약점을 극복하는 전략)	W/T 전략 (약점과 위협을 피해갈 수 있는 전략)

프로젝트 활동 5.1: 문제정의

1. 팀프로젝트 주제에 관한 고객의 요구사항 수렴을 위한 설문조사서를 작성하라.

2. 설문조사를 실시하고 분석하라.

3. 원인결과도, 파레토도, 연쇄질문, SWOT 등 문제정의 기법들을 사용하여 팀프로

젝트의 최종 문제정의문을 작성하라.

생각하기: 최초의 문제정의문과 최종 문제정의문에 차이가 있는가? 진짜문제를 문제 정의 과정에서 찾았는가?

Memo

CHAPTER 06

아이디어 창출

학습목표	브레인스토밍을 포함한 아이디어 창출 방법들의 종류와 특성 숙지		
주제	**이론제시**	**실습활동**	**응용 및 토의**
브레인스토밍을 포함한 여러 아이디어 창출 방법	• 브레인스토밍 규칙 • 브레인스토밍 준비/실행 • 다른 아이디어 창출 방법 • 고착되었을 경우 대처법	• 프로젝트에 맞추어 아이디어 창출 적용 • 억지끼워맞춤 활동	• 도출된 안의 개수 및 어려운 점
과제	프로젝트활동 6.1, 6.2		

이 장에서는 앞에서 정의한 문제를 해결하기 위한 아이디어를 창출하는데 사용되는 기법들을 소개한다. 이들 기법들은 팀 활동이나 개인 활동 모두 적용될 수 있지만 그 중에서 브레인스토밍은 팀 활동에 더 적합하며, 연상 등은 개인 활동에 더 적합하다.

6.1 브레인스토밍

6.1.1 정의

브레인스토밍(Brainstorming)은 Brain과 Storming의 합성어로서 해결방안 창출을 위한 팀활동을 통한 접근 방법을 말한다. 여러 사람이 모여 문제의 해결책에 대한 의견을 비가 오듯 마구 제시하면 시너지 효과에 의해서 한 사람이 제안할 수 있는 아이디어의 수보다 훨씬 더 많은 아이디어를 만들어 낼 수 있다. 더구나 한 사람이 제안한 아이디어에서 영감을 얻어서 새로운 아이디어를 내는 편승 아이디어까지 포함한다면 창출된 아이디어의 수는 훨씬 더 증가하게 된다. 이렇게 팀을 통해 많은 아이디어를 얻는 방법이 브레인스토밍이다.

1938년에 광고업을 하는 오스본(Alex Osborn)에 의해 처음 개발된 브레인스토밍의 목적은 팀 활동을 통하여 창의적인 문제 해결방안을 최대한 많이 얻게 하는데 있다. 이 방법에 적합한 사람의 수는 3~10명 정도이며 정해진 방법과 과정을 충실히 따르면 좋은 결과를 얻을 수 있다.

6.1.2 브레인스토밍의 4가지 규칙

1) 최대한 많은 아이디어 도출

수가 많으면 많을수록 좋다. 브레인스토밍 단계에서는 아이디어의 질보다 개수가 많은 것이 더 중요하다. 아이디어의 질을 증대 시키는 작업은 브레인스토밍이 끝난 후 아이디어 평가 과정에서 따로 수행된다.

2) 엉뚱한 아이디어도 환영

최대한 창의적이 되어라. 엉뚱한 아이디어도 창의적인 해결방안으로 가는 아이디어의 시발점이 될 수 있다. 엉뚱한 아이디어를 제시했을 때 남들이 비웃지 않을까를 생각해서는 안된다. 엉뚱한 생각을 하여 창의적 해결 방안을 창출 할 수도 있다.

3) 다른 사람의 아이디어에 편승하기

다른 사람의 아이디어를 발전시키거나 변형시켜 새로운 아이디어를 만들어라. 아이디어는 다른 사람들과 공유되며 다른 사람들의 아이디어가 새로운 아이디어로 가는 디딤돌 역할을 하게 된다.

4) 비판하지 않기

판단은 나중으로 미룬다. 절대로 남의 아이디어를 비판해서는 안된다. 브레인스토밍 단계에서의 비판은 참가자들을 위축시켜서 아이디어를 내는 것을 어렵게 만든다.

6.1.3 브레인스토밍 준비

1) 팀원

상상력이 풍부하고, 혁신적이며, 미래 지향적인 성격을 가진 사람이 포함되면 좋은 효과를 나타낸다. 다른 여러 분야의 종사자들로 구성되는 것이 이상적이며 제품개발을 위한 회의라면 소비자, 판매자, 공정 관리자, 설계자, 생산 담당자 등이 직간접적으로 참여하도록 한다. 브레인스토밍 회의 전에 브레인스토밍을 하게 된 목적과 배경이 기록된 브리핑 서류를 팀원에게 나누어 준다.

2) 장소

익숙하지 않은 장소를 선택한다. 주위환경이 아름답고 편안한, 멀리 떨어진 장소가 좋으며 장소이동이 쉽지 않다면 평소 회의에 사용되던 방이 아닌 다른 방을 사용하여도 된다. 원형이나 U형 배치의 좌석과 조용하고 경쾌한 음악을 배경음악으로

틀고 벽을 채색된 포스터로 장식하고 향기롭고 아름다운 꽃이나 간식을 배치함으로써 분위기를 조성한다.

3) 시간 계획

두 개 이상의 주제(또는 3시간짜리 회의)를 계획해서는 안 된다. 아침회의가 일반적으로 더 생산적이다. 다음 약속 때문에 압박을 받거나 조급하게 느끼지 않도록 충분한 시간을 계획한다.

4) 준비물

문방구(화이트보드, 마커, 노트, 카드, 포스트잇 등)와 준비(웜업, warm-up) 활동에 필요한 소도구, 시계, 녹음기 등을 준비한다.

6.1.4 브레인스토밍의 절차

1) 브리핑(briefing)

회의일정과 브레인스토밍 4가지 규칙을 공시한다. 브리핑 전에 팀원은 각자 편안한 자세로 앉아서 사교시간(ice breaking)을 가짐으로써 유연한 사고를 할 준비를 한다. 녹음기를 작동시키고 팀원들이 회의 주제에 대한 아이디어나 의견들을 서로 나누도록 장려한다. 문제의 배경에 대하여 팀에 설명하고 문제정의문을 공시한다.

2) 브레인스토밍의 4가지 규칙을 복습한다.

공시되어 있는 4가지 브레인스토밍 규칙의 의미를 되새겨 회의하는 동안 준수할 수 있도록 장려한다. 부정적인 사고를 예방하기 위한 삼진 아웃제 도입을 검토할 수 있다.

3) 사용될 브레인스토밍 과정을 설명한다.

아이디어 창출, 아이디어 쓰기, 아이디어 편승 등으로 이루어지는 브레인스토밍 과정을 설명한다. 아이디어 창출과정에서는 모든 아이디어에 번호를 매긴다. 편승 아이디어(남의 아이디어에서 영감을 얻은 아이디어)도 새 아이디어로 간주한다. 팀원들이 많을 경우 순번대로 말하도록 한다. 다른 팀원은 떠오르는 아이디어를 잊어버리지 않도록 카드에 메모한다. 아이디어 쓰기에서는 카드마다 하나씩의 아이디어(문장 또는 스케치로 표현)를 적어 팀원들이 아이디어를 볼 수 있도록 책상 위에 펼쳐놓는다. 또는 화이트보드에 모든 팀원이 볼 수 있도록 아이디어를 적는다. 이 경우에는 회의가 끝난 후 아이디어들을 카드에 하나씩 기록하여 보관한다. 최초시간을 20~30분으로 정한다. 시간제한을 주고 할당량을 부여하면 생산적일 수 있다. (예: 15분 동안 40개의 아이디어 제안)

4) 준비(웜업, warm-up) 활동

본격적인 브레인스토밍 전에 창의적 사고를 촉진시키기 위하여 간단하고 익숙한 물건(벽돌, 연필, 팝콘, 자, 종이컵 등)을 이용, 5분 동안 웜업 브레인스토밍을 수행한다. (예: 종이컵으로 할 수 있는 일들은? 만약 모든 사람들의 키가 50cm정도로 작아진다면 어떤 변화가 있을까?) 경쾌하고 조용한 배경음악을 틀어놓는다. 이 활동을 통해서 유연한 사고가 더 촉진된다.

5) 브레인스토밍을 수행한다.

앞에서 설명한 과정에 따라 브레인스토밍을 시작한다. 잘 알려진 아이디어를 먼저 제안하여 마음 속에서 지워버려야 한다(짐 버리기: load dumping). 즉, 진부한 아이디어를 빨리 제안하지 않으면 진부한 아이디어에 사로잡혀 다른 신선한 아이디어가 떠오르지 않는다. 아이디어 창출이 부진하면 진행자가 황당한 아이디어를 던져서 촉진하거나 "만약 ~한다면"이라는 질문 던지기를 해본다. 여전히 부진하면 잠시 휴식을 취하고 억지 끼워 맞춤 방법(6.1.5절 참조)을 사용해 본다. 총 40~50개 정도의 아이디어가 창출되도록 한다.

6) 마침

회의를 끝내기 3분 전에 종료를 예고한다. 회의를 끝내고 아이디어를 수집한다. 종료 3분 전에 좋은 아이디어가 창출되는 예가 많다.

7) 해산

참가자들에게 다음 회의를 예고하고 해산한다.

6.1.5 브레인스토밍이 고착(stuck)되었을 때 어떻게 하나?

브레인스토밍을 수행하다가 아이디어가 완전히 고갈된 듯 더 이상 아이디어가 나오지 않을 경우가 있다. 이것은 "브레인스토밍이 고착되었다."라고 말하는데 이 상황을 넘기 위해서는 회의 진행자가 다음에 제시되는 방법들을 적절히 사용해 아이디어가 계속 나올 수 있도록 하여야한다.

1) 성공을 상상하라 또는 최악을 상상하라.

휴식시간을 가지고 문제에서 비켜서라. 문제에 주목하고 해결책을 생각하려고 노력하는 대신 이상적인 상태나 무엇이 되어야 하는가에 집중하라. 문제해결을 위해 감수해야 할 최악의 일을 브레인스토밍 할 수도 있다. 어리석은 아이디어는 실용적이고 혁신적인 아이디어로 가는 디딤돌로 사용된다. 최악의 경우를 생각할 때 웃음을 유발할 수 있는데 이는 사고를 느긋하게 하여 생산적인 브레인스토밍 계속할 수 있게 한다.

2) 무관한 두 아이디어를 억지 끼워 맞춤하라.

브레인스토밍이 둔화되었을 때, 팀 구성원은 먼저 만들어진 두 가지 아이디어를 선택하여 함께 억지로 끼워 맞춰라.

실습활동 6.1 : 억지 끼워 맞추기 게임

❶ 두 그룹 (그룹 1과 그룹 2)에게 문제를 제시한다.
❷ 그룹 1은 그 문제에 전혀 관계 없는 아이디어를 제안한다.
❸ 그룹 2는 그 아이디어가 원래 문제에 대한 실용적인 해결책이 되도록 노력한다.
❹ 만일 성공한다면 그룹 2는 1점을 얻고 만일 못한다면, 그 점수는 그룹 1에게 준다.
❺ 두 팀은 황당한 ❷와 ❸을 교대로 수행한다.

---

3) 연상(association)을 수행하라. (6.2 절 참조)

4) 원대한 꿈/소망적 사고

본래의 문제에 대한 가장 원대하고 환상적인 해결책, 즉 이상적 해결책을 생각한다. 이상적인 해결책에서부터 시작하여 현실적인 조건을 감안해 가다보면 이상적 해결책에 가까운 해결방안을 찾을 수 있다. 소망적인 사고와 "만약에 ~라면 어떻게 될까"라는 질문을 함으로써 아이디어가 더 발전하게 된다. 아이디어가 당면한 문제에 접근되면 정식 브레인스토밍을 수행한다.

5) SCAMPER 기법을 적용하여 본다. (6.2 절 참조)

6) 형태학적 분석법을 적용하여 본다.

[그림 6.5]와 같이 문제에 대한 모든 중요한 속성, 부분, 요소, 기능이나 고려하고 있는 목적 등을 기재한 후 팀은 새로운 아이디어 얻기 위해 각 부분에 차례로 집중한다. 이 때 "왜 이것이 이런 식이어야 하는가?", "이것이 다르게 행해질 수 있는가?"라는 마음가짐을 가지고 질문을 해본다.

7) 생체공학

"자연에서는 이런 문제가 어떻게 해결되는가?"를 질문해보고 당면한 문제와 유사한 사례를 자연에서 찾아본다. 예를 들어 사막에서도 잘 달릴 수 있는 사막주행용 자동차의 타이어를 개발하기 위해 낙타발의 압력 분포를 연구해보거나, 비행기의 구조물에서 나오는 난류 공기에 의한 잡음을 줄이기 위해 밤에도 소리를 내지 않고 날아와 먹이를 잡는 올빼미의 비행을 조사하는 것을 들 수 있다.

6.2 아이디어 창출 기법

6.2.1 SCAMPER

변형 또는 조작(manipulation)은 창조와 유사하다고 할 수 있다. 대부분의 창의적인 아이디어들은 기존의 아이디어에 첨가 또는 약간의 변형을 통해서 얻는다. 1909년에 헨리 포드(Henry Ford)가 자동차 모델 "the Model T"를 발표할 당시에 다음과 같이 고백하였다. "사실 나는 새로운 무엇을 발명한 것은 아닙니다. 단지 여러 다른 사람들이 발명한 것들은 결합하여 차를 만들었을 뿐입니다. 만약 내가 50년만 더 일찍 시작했다면 이 일은 실패로 끝났을 것입니다." 그는 이미 개발된 아이디어를 변형 또는 조합하여 또 다른 창의적인 아이디어(자동차)를 만들어 낼 수 있었던 것이다. [그림 6.1]의 토끼 그림에 약간의 변형 또는 조작을 가하여 전혀 다른 동물로 보이게 할 수 있는가?

그림 6.1
토끼의 변형

이와 같이 기존에 있던 사물이나 아이디어에 변화, 변형 또는 조작을 가해 이전과 전혀 다른 형상이나 아이디어를 창출해 낼 수 있다([그림 6.1]을 왼쪽으로 90도 회전시키면 오리그림으로 변하게 된다). 아이디어 도출에 박차를 가할 수 있는 방법 중 SCAMPER기법이 있다. SCAMPER는 대체(substitute), 결합(combine), 적용(adapt), 변형/확대/축소(modify, magnify, minify), 다른 용도(put to other use), 제거(eliminate), 역발상(reverse)의 첫 글자를 따서 만든 조합이다. 이 방법은 창의적 대안창출을 위한 방법으로서 광고회사에 한 동업자로 근무하던 오스본(Alex Osborn)에 의해 1953년 처음 체크리스트라는 이름으로 제안되었다가 에베르(Eberle)라는 사람에 의해 SCAMPER기법이란 이름으로 정착되어 사용되고 있다. 아이디어의 산출을 위해 사고의 출발점 또는 문제해결의 착안점을 미리 정해 놓고 그에 따라 다각적인 사고를 전개함으로써 새로운 아이디어를 효율적으로 얻는 방법이다. 예를 들면 다음과 같이 적용할 수 있고 [표 6.1]과 같이 나열된다.

표 6.1
SCAMPER 기법

약자	의미	설명	예
S	Substitute (대체)	다른 재료, 요소, 원동력, 프로세스 등	쌀과자, 연탄재로 만든 벽돌, 종이컵
C	Combine (결합)	혼합, 조립, 그리고 작동, 단위, 방법, 아이디어 등의 결합	지우개 달린 연필, 김치냉장고, 보온겸용 밥솥 , 스위스 군용 칼, DMB폰, 휠리스 운동화, 하나로 샴푸
A	Adapt (적용)	다른 용도, 과거의 적용, 다른 아이디어의 도용	증기선, 산우엉 가시(그림 6.2)를 본뜬 매직테이프 (찍찍이), 장미덩쿨을 철조망에 적용
M	Modify, Magnify, Minify (변형/확대/축소)	뜻, 색깔, 동작, 모양 등을 변형, 더할 수 있는 요소는? 더 크게, 높게, 강하게, 두껍게, 과장되게 등	물에 뜨는 비누, 교통카드 휴대폰 고리, 풍차, 엠보싱화장지
P	Put to other use (다른 용도)	원래의 용도를 바꾸기	계란판으로 만든 방음재, 솥뚜껑삼겹살, 녹차팩, post-it
E	Eliminate (최소화)	취소, 분리, 가볍게, 짧게, 여러 개로 나누기 등	노트북PC, 무선제품, 씨 없는 수박, 디지털카메라, 카페인 없는 커피
R	Reverse, Rearrange (역발상)	방향 바꾸기, 거꾸로, 용도의 교환 등	누드김밥, 재택근무, 병뚜껑이 아래에 있는 제품, 남자들을 위한 마스크팩

- 이외의 다른 방법은 없을까? 현재의 상태를 약간 변경하면?
- 다른 곳에서 아이디어를 빌려올 수는 없을까? 비슷한 것은 무엇인가? 비슷한 것이 과거에는 없었는가? 무엇인가 흉내 낼 수 없을까? 누구의 흉내를 낼 수 있을까?
- 형태, 색깔, 방향을 바꾸면 어떻게 될까? 새로운 것을 시도하면 어떨까? 확대한다면, 무엇을 첨가시킨다면? 시간을 더 걸리게 한다면? 횟수를 증가시킨다면? 길게 한다면?, 얇게 한다면? 가치를 부가시킨다면? 결합 시킨다면?
- 축소한다면? 무엇인가를 제거한다면? 압축한다면? 가볍게 한다면? 제한한다면? 분할 한다면?
- 다른 것으로 대신한다면? 다른 방법을 적용한다면? 다른 소재를 사용한다면? 절차를 변경한다면? 다른 동력으로 대치한다면? 다른 음색을 쓴다면?
- 바꾸어 보면? 순서를 바꾸면? 원인과 결과를 바꾸면? 일정을 바꾸면? 상황을 바꾸면?
- 거꾸로 하면? 안팎을 뒤집으면? 반대로 하면? 상하를 바꾸면? 역할을 바꾸면?
- 결합시키면? 합금으로 한다면? 조립하면? 부속 단위를 결합시키면? 목적을 묶으면? 아이디어를 결합시키면?

그림 6.2
SCAMPER를 이용한 아이디어 창출

그림 6.3
산우엉(엉겅퀴)

SCAMPER법을 진행할 때는 첫째, 문제나 주제를 파악한다. 둘째, 문제나 주제를 SCAMPER 목록에 맞추어 어떤 새로운 아이디어가 나올 수 있는지 살펴본다. 가능한 모든 아이디어를 떠올려 본 후 창의적인 생각을 표현해 볼 수 있도록 한다. SCAMPER는 제시된 질문의 패턴에 따라 사고를 전개시키므로 초보자도 쉽게 활용할 수 있고, 문제 인식을 습관화할 수 있다. 주변에서 나타나는 불편한 점을 볼 때마다, 좀 더 크게 작게 하면 하는 식으로 질문을 던져보면 인류의 생활을 편하게 해줄 수 있는 물건을 만들어 낼 수도 있을 것이다. [그림 6.4]는 더 좋은 연필을 위한 SCAMPER의 적용 예를 보여주고 있으며 [그림 6.5]는 활동을 위한 기법활동지를 보여주고 있다.

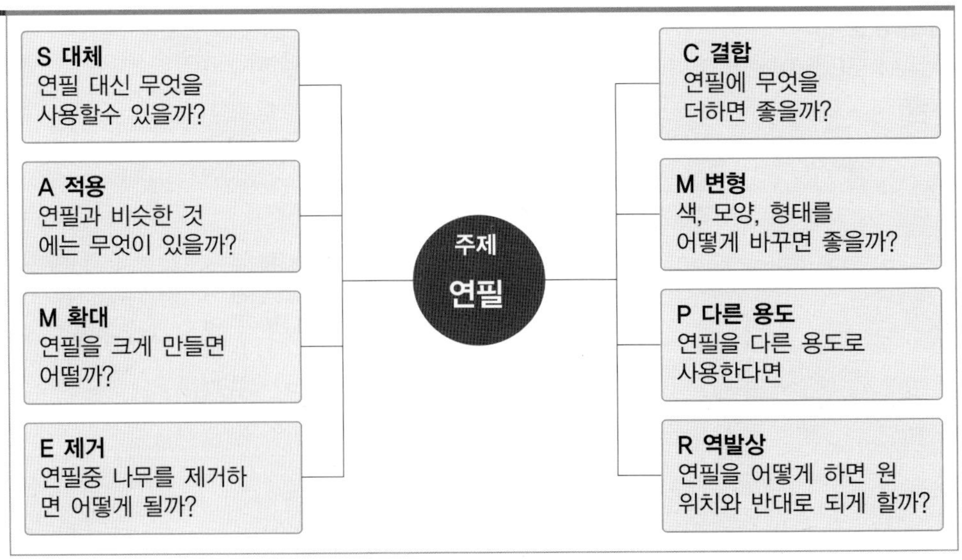

그림 6.4
SCAMPER를 연필에 적용한 예

그림 6.5
SCAMPER기법 실습용지

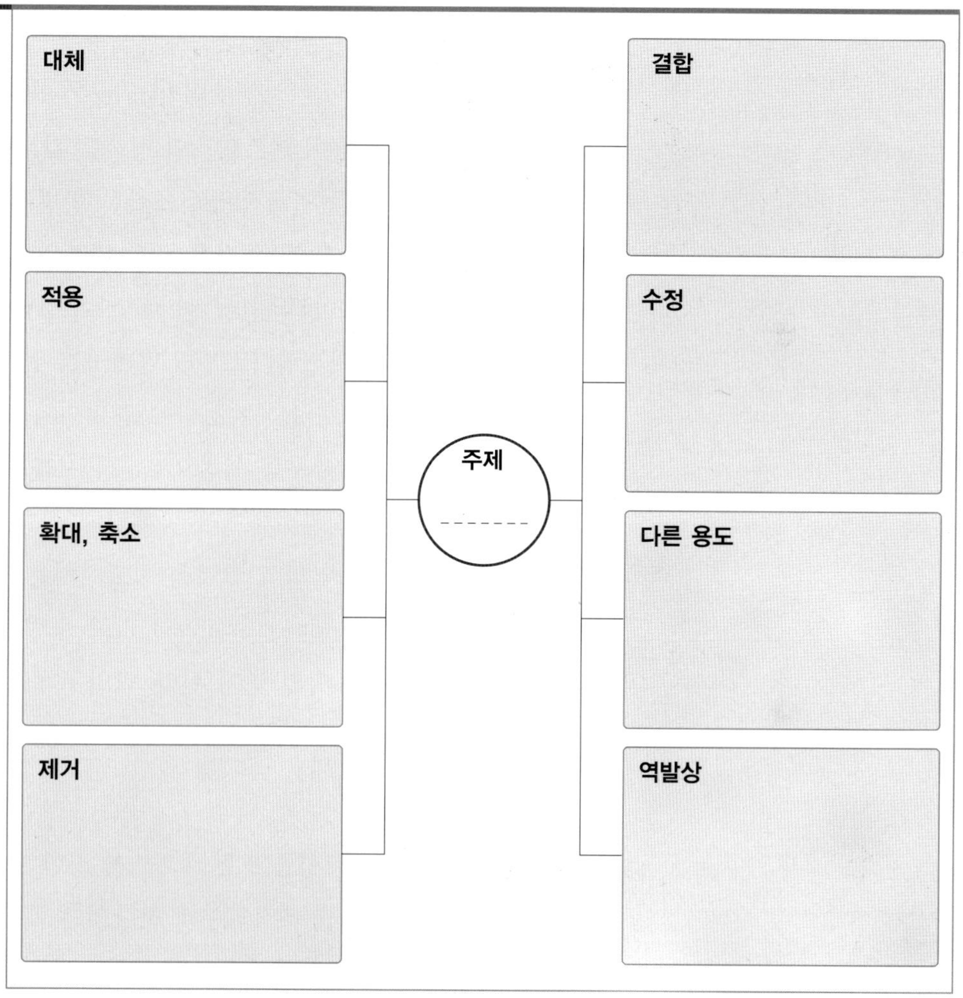

실습활동 6.2:

우리 주위에 SCAMPER 기법을 이용하여 성공한 발명품을 팀별로 5개씩 찾아내어라. 그리고 위의 실습용지를 이용하여 적용 예를 작성하라.

6.2.2 형태학적 분석법(morphological analysis)

형태학적 분석법은 프리츠 즈위키(Fritz Zwicky)에 의해 개발되었으며 아래의 [그림 6.5]에 나와 있듯이 매트릭스의 형식을 갖는다. 다시 말해서 SCAMPER 기법과 속성에 대한 열거를 입체적으로 조합한 방법이라 할 수 있다. 즈위키는 우주공학자로 유명하였으며, 그는 '인간은 문제 해결을 하면서 선입관을 가지거나 사전에 평가해버리는 경우가 너무 많다.' 는 생각으로부터 이 기법을 개발하게 되었다. 그러면 그러한 선입관, 사전평가로부터 탈피하기 위해서는 어떻게 하면 좋은가? 즈위키는 '어떤 일이 명확히 불가능하다고 증명되지 않는 한 불가능하다고 인정할 수 없다' 고 하는, 가능성 추구의 시점으로부터 사물을 자세히 분해해 보는 방법을 제안하였다. 즉, 형태학적분석법에서는 해결해야 할 문제를 많은 구성요소(속성)의 조합으로 가정하여 파악하고 그것을 차트화하는 것이다. 즈위키는 이 구성요소들을 '독립 변수(independent variables)' 라고 불렀는데, 각 독립변수가 형태학적 분석법 매트릭스[그림 6.6]의 축이 된다. 만일 n개의 독립변수가 있으면 n차원의 차트를 만들 수 있다. 매트릭스 작성 및 이를 이용하여 아이디어 창출하는 방법은 다음과 같은 순서로 진행한다.

① 개선되어야 하는 상품 또는 서비스를 정한다.
② 2차원 매트릭스를 제작하는데 하나의 축에는 대상 물건 또는 서비스의 특징 또는 속성들을 나열한다.([그림 6.6]의 세로축: 크기, 높이, 무게 등)
③ 다른 축에는 특징 또는 속성들에 대한 다른 형태의 단어 즉, 형용사, 부사 또는 동사의 형태로 변환하여 기입한다.
([그림 6.6]의 가로축: 여기서는 SCAMPER)
④ 그리고 더 많은 아이디어 창출을 위하여 다른 하나의 축(세 번째 축)을 첨가할 수 있으며 세 번째 축에는 다른 관련된 요소들을 나열하여 기입한다.
⑤ 바뀐 단어들을 대상 물건 또는 서비스의 특징 및 속성들에게 적용한다.
⑥ 결과들을 토론 또는 평가한다.

형태학적 분석법은 개인 또는 단체로 실시할 수 있는데 장점으로는 짧은 시간에 대단히 많은 아이디어가 창출될 수 있다는 것이다. 예를 들어 21×7의 매트릭스는 147개의 아이디어를 만들 수 있다.

그림 6.6
형태학적 분석법을 위한 매트릭스 예(21×7)

	대체	결합	적용	변형/확대	다른 용도	최소화	역방향
크 기							
높 이							
무 게							
체 적							
모 양							
위 치							
지 역							
배 열							
내구력							
구 성							
성 분							
경 도							
안정성							
부 착							
처 리							
색 깔							
시 간							
동 력							
전 기							
전달성							
화학							

그림 6.7
형태학적 분석법을 이용하여 시내버스 환경개선에 대한 아이디어 창출하기

문제: 폐품을 이용하여 시내버스 환경을 개선할 수 있는 방법

	신문	병뚜껑	우유 곽	헌 스타킹	다 쓴 볼펜
좌석	각 좌석에 신문을 볼 수 있도록 한다.	의자 바닥 또는 등받이에 병뚜껑을 붙여 지압 효과가 있도록 한다.	우유 곽을 이용하여 좌석에 개별 휴지통을 부착한다.		경로석에 앉는 사람에게 경고를 할 수 있도록 사용한다.
운전석	신문을 이용하여 햇빛가리개를 만들어 부착한다.	운전석 핸들에 작은 병뚜껑을 붙여 핸들을 돌리기 쉽도록 한다.			
벨		벨 주변에 병뚜껑을 붙여 나이 드신 분들이 벨 위치를 쉽게 찾을 수 있도록 한다.			벨 옆에 끈을 부착하여 벨을 쉽게 누르는데 사용한다.
손잡이				손잡이가 너무 높아 잡지 못하는 사람을 위하여 스타킹으로 길게 늘여 뜨려 준다.	손잡이에 줄을 묶고 끝에 볼펜을 매달아 잡기 편하게 한다.
요금함		병뚜껑을 예쁘게 꾸며 요금함에 장식한다.		요금함을 열어 금액을 분류할 때 주머니로 사용한다.	지폐가 요금함에 잘 들어가지 않을 때 쓸 수 있도록 매단다.
유리창	신문에서 예쁜 그림을 오려 장식한다.		우유 곽을 펴서 햇빛 가리개로 설치한다.	유리창 손잡이에 스타킹을 달아 창문을 쉽게 열 수 있도록 한다.	
바닥	비 오는 날 신문을 깔아 미끄러지지 않도록 한다.		바닥에 우유 곽으로 번호를 써서 붙여둔다. 탄 차례로 번호에 서 있을 수 있도록 하고, 자리가 나면 번호 차례대로 좌석에 앉는다.		

실습활동 6.3:

사무직원들이 티타임(tea time)을 너무 오래 갖지 않도록 할 수 있는 컵을 디자인하고자 한다. 티타임을 10분 이상 가질 수 없도록 하는 컵을 디자인하여 사원들에게 나누어 주고자 한다. 매트릭스를 작성하여 형태학적 분석법을 이용한 아이디어 도출 회의를 가지시오.

6.2.3 유추와 은유(analogies and metaphor)

문제의 해결책을 제안할 때 유추와 은유를 통하여 새로운 아이디어를 창출할 수 있다. 유추는 같은 종류의 것 또는 유사한 점을 갖는 다른 사물에 비추어 추측하는 것을 말한다. 유추의 예로서는 낙타발의 형상을 연구하여 사막주행용 타이어를 만드는 것을 들 수 있다. 은유는 "아이디어 기근"이나 "얼어붙은 임금" 등과 같이 다른 사물의 상태나 움직임이 어느 정도의 유사함을 이용하여 암시적으로 연결시키는 표현기법이다. 넓은 의미에서 모든 은유는 간단한 유추이다. 그러나 모든 유추가 은유인 것은 아니다. 명확한 것의 비교는 은유가 아니다. 은유를 이용하여 문제의 해결방안을 찾기 위해서는 먼저 풀어야할 문제와 비슷한 성질을 갖는 어떤 개념을 찾아내야 한다. 예를 들어, 자동차를 개선하는 문제와 생체조직이 진화하는 양식 사이에 비슷한 성질이 있다고 생각하여 "만약 차가 생체조직처럼 진화할 수 있다면 어떻게 진화할 것인가?"라는 질문을 던지고 이 질문이 주는 어떤 통찰력이나 잠재적 해결책이 무엇인지 생각해본다.

실습활동 6.4 :

1) 인생의 의미를 설명하는 은유를 5개 써보아라.
   예: 인생은 미로다.
2) 당신의 문제를 설명하는 은유를 5개 써보아라.
   당신이 쓴 은유들을 보면서 이 은유들이 당신의 문제 해결을 위한 어떤 통찰력을 제공해주는지 자문해 보아라.

6.2.4 연상(Association)

문제의 창의적인 해결을 제안하기 위하여 연상을 사용할 수 있다. 연상은 어떤 물건이나 단어를 보면 다른 관련된 단어가 떠오르는 정신작용을 말한다. 즉, 연상은 다른 물건이나 아이디어 사이에 정신적인 연결을 만드는 것을 말한다. 연상은 인접(contiguity), 유사(similarity), 대조(contrast)의 세 가지 법칙에 의해서 발생된다.

- **인접:** 거리가 가까운 것을 생각해내는 것이다.
  예) 칠판을 생각하면 학교가 연상된다.
- **유사:** 어떤 물건이나 생각이 다른 비슷한 물건이나 생각을 불러일으키는 것이다.
  예) 오리를 보면 기러기가 생각난다.
- **대조:** 거의 반대 형태의 사물이나 개념을 생각해내는 것이다.
  예) 검은색/흰색, 여자/남자, 어린이/어른

연상을 실행하는 순서는 다음과 같다.

① 칠판에 문제와 연관이 있는 단어 또는 연관이 없을 수도 있는 단어를 적는다.
② 이 단어와 연관되어 머릿속에 떠오르는 어떤 단어라도 적는다.
③ 이런 연관을 연속적으로 수행한 다음 당신의 문제에 통찰력이나 해결방안으로 이끌어 줄 단어들이 있는지 살펴본다.

예 1: 은행 지점장들의 그룹이 "신속"이라는 단어로 연상을 시작하였다. "여우", "비행기" "특급항공우편"이라는 단어들이 차례로 제안되었다. "특급항공우편"이라는 단어는 "바코드"와 "광학스캐너"라는 단어를 생각해내게 했고, 이것이 "주택담보대출의 차별화"라는 문제에 대한 해결책을 제공해 주었다. 즉, 바코드가 대출허가 과정 중 언제든지 고객들에게 대출의 진행현황을 고지하는데 사용되었다. 나중에 은행은 24시간 대출허가 시스템을 구축하게 되었다.

예 2: 캠벨 (Campbell) 수프 회사에서 제품 개발자들이 영어사전에서 임의로 "다루다(handle)"라는 단어를 선택하여 연상을 시작하였다. "도구"와 "포크"라는 단어가 순차적으로 연상되었다. 그때 한 참석자가 포크로 먹을 수 있는 수프가 있으면 좋겠다고 농담을 했다. 그 그룹은 야채와 고기 등의 건더기가 없으면 포크로 수프를 먹을 수 없다고 생각했다. 캠벨의 매우 성공적인 제품인 야채와 고기 등이 들어 있는 건더기를 포함한 수프(chunky soup)는 이렇게 발명되었다.

실습활동 6.5:

1) 당신의 문제를 나타내는 한 단어를 선택하여 연상을 시작하시오.(예; 학점, 우정)
2) 연상되는 단어를 10개 제시하라.
3) 이 단어들이 당신의 문제에 어떤 통찰력을 주는지 살펴보아라.
4) 이 단어들 중 하나를 사용하여 해결책으로 이끌어 줄 수 있는 유추를 할 수 있는가?
5) 이 단어들 중 눈에 띄는 단어를 가지고 해결책을 브레인스토밍 하는데 사용하거나 다른 새로운 연상을 시작하는데 사용하라.

프로젝트 활동 6.1

각 팀의 프로젝트 주제의 문제해결책을 브레인스토밍을 이용하여 아이디어를 창출하라.

프로젝트 활동 6.2

[실습활동 6.1]에서 창출한 아이디어를 이 절에서 공부한 브레인스토밍 고착 해결법을 이용하여 더 많은 아이디어를 창출하라.

Memo

CHAPTER 07

아이디어 다듬기와 판정

개요

<table>
<tr><td>학습목표</td><td colspan="3">창출된 아이디어들의 다듬기 과정과 문제해결을 위한 최상의 아이디어를 판정하는 방법 숙지</td></tr>
<tr><td>주제</td><td>이론제시</td><td>실습활동</td><td>응용 및 토의</td></tr>
<tr><td>아이디어 다듬기의 정의와 방법</td><td>• 아이디어 다듬기의 정의
• 아이디어 다듬기의 규칙</td><td rowspan="2">• 어려운 상황에 처했을 경우 대처법 도출, 다듬기 및 판정</td><td>• 회의 진행시 어려웠던 점</td></tr>
<tr><td>• 훌륭한 판단이란?
• 판정기준의 설정
• 가중순위결정법</td><td>• 아이디어 다듬기의 정의
• 아이디어 다듬기의 규칙</td><td>• 만약 기준 없이 판정을 하였다면 어떻게 결과가 나올까?</td></tr>
<tr><td>과제</td><td colspan="3">프로젝트 활동 7.1, 7.2</td></tr>
</table>

7.1 아이디어 다듬기

7.1.1 정의와 규칙

아이디어 다듬기란 브레인스토밍의 두 번째 단계로서, 첫 번째 단계의 '엉뚱하고 무모한' 아이디어를 문제를 풀어나가는데 좀 더 나으며 실용적인 개념으로 발전시키는 과정을 말한다. 다시 말해 해결방안 다듬기에서는 해결방안 창출을 위한 브레인스토밍에 필요했던 발산적 사고보다 더 집중성을 요구하며, 개념을 구체화하고 어떤 문제를 해결하거나 실행 가능성이 있는 실용적인 아이디어가 되도록 하기 위한 수렴적 사고를 필요로 한다. 브레인스토밍의 4가지 규칙처럼 창의적 아이디어 다듬기에도 아래와 같이 4가지 규칙이 있다.

1) 양보다 질

브레인스토밍 단계를 지난 지금은 양 대신 질을 목표로 한다. 각 아이디어의 장점을 찾아 그 점을 더욱 개선시키는데 노력한다.

2) 실용성

창의적 사고와 분석적 사고를 반복적으로 수행하여 다듬어지지 않은 아이디어를 좀 더 실용적인 것으로 만든다.

3) 아이디어 통합과 종합

편승하는 것 대신 최적 해결방안을 도출해내기 위해 여러 가지 다른 아이디어를 통합, 종합, 끼워 맞춤 또는 융합시키려고 노력한다.

4) 비판은 유보

성급한 판단과 부정적인 말은 계속해서 삼가야 한다. 이 단계에서는 긍정적인 태도가 필수적이다. 직관적이고 혁신적인 생각에 분석적이며 논리적이고 실용적인 생각을 추가하여 아이디어를 계속 다듬어 나갈 수 있도록 한다.

브레인스토밍 후 실행하는 아이디어 다듬기는 팀이 같을 경우 적어도 하루는 기다려야 한다. 브레인스토밍과 다듬기는 둘 다 정신을 매우 지치게 하는 작업이므로 정신이 맑아야 생산성이 높아진다. 의식을 편안하게 하고 잠재의식이 떠오른 생각을 잘 배양할 수 있도록 해야만 사고가 더욱 창의적이 될 것이다. 20~45분간의 브레인스토밍에서 한 팀은 일반적으로 40~200개의 아이디어를 만들어 낼 수 있다. 작업을 쉽게 해주는 체계화된 방법을 사용하지 않는다면 이렇게 많은 아이디어를 가지고 일하는 것이 성과가 없는 작업으로 끝날 수 있다. 브레인스토밍에 의해 제안된 예비 해결방안들을 다듬기 위한 준비작업으로 진행을 맡은 사람이 아이디어 목록 카드 묶음을 모두 모아 정리한다. 포스트-잇(Post-it)을 사용하면 효과적일 수 있다. 창출된 아이디어는 멀리 있는 팀원도 쉽게 볼 수 있도록 굵은 펜으로 크게 용지에 쓴다. 내용은 카드의 윗부분에 쓰며 아래 부분은 나중을 위해 비워두고 각 카드마다 고유번호를 부여한다. 이 과정에서 새로운 아이디어가 떠오르면 바로 새로운 카드에 그 내용을 적고 전체 목록에 포함시킨다.

진행자는 다듬기 단계를 위해 다음과 같은 물건들을 준비하면 도움이 된다. 완성된 아이디어 카드, 빈 카드, 여러 가지 색깔의 펜, 페이퍼 클립, 고무밴드, 챠트, 형광펜 등. 회의실에는 한두 개의 커다란 테이블이 있어야 하며, 한쪽 벽은 챠트를 붙일 수 있도록 비워 둔다.

7.1.2 아이디어 다듬기 과정

아이디어 다듬기 과정은 모두 3단계로 이루어진다. 브레인스토밍과 마찬가지로 정답이 없는 활동이며 체계화된 접근방법을 따르더라도 결과는 완전히 예측에서 빗나갈 수 있다. [그림 7.1]은 다듬기 과정을 도식적으로 설명한 그림이다. 그림의 첫 번째 줄에 팀 활동에 의해 만들어진 12개의 아이디어가 서로 다른 기호로 표시되었다. 다듬기의 첫 번째 단계는 유사한 것끼리 분류하는 것이며, 두 번째 단계는 각 범주 내에서 아이디어를 조합하여 다양한 아이디어를 도출하는 과정이며, 세 번째 단계는 범주마다 도출된 아이디어들을 억지로 끼워 맞춰 최종 아이디어를 만드는 과정이다. 각 단계의 자세한 순서는 다음과 같다.

그림 7.1
아이디어 다듬기의 과정

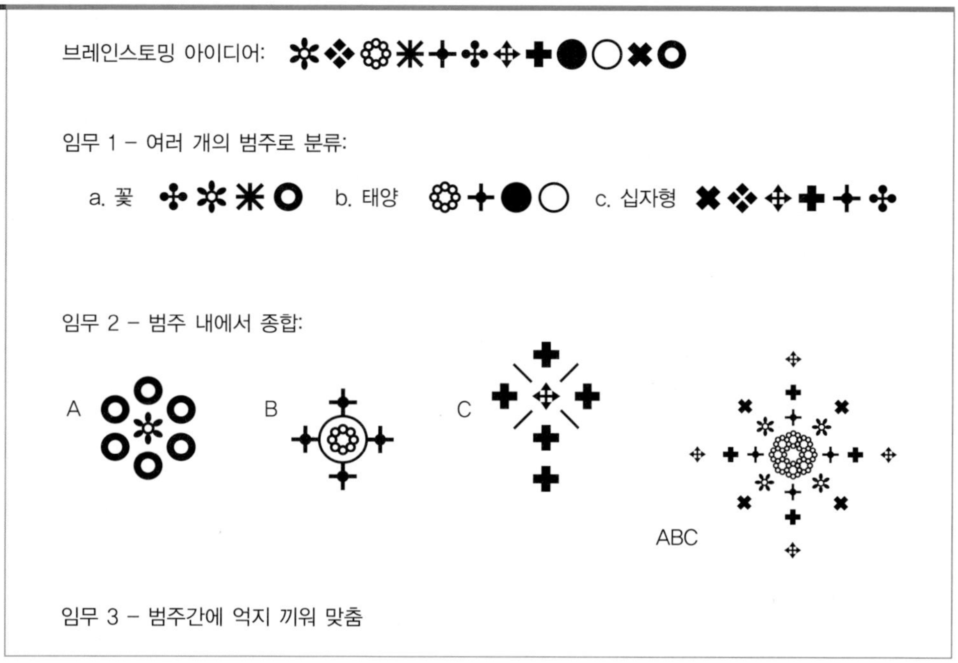

단계 1 해결방안들을 연관된 여러 개의 범주로 분류한다.

① 해결방안 카드들을 테이블 위에 아무렇게나 펼쳐 놓는다.

② 팀은 테이블 주위에 모여 앉아 몇 분간 조용히 그리고 깊이 생각하며 잠재의식 속으로 아이디어가 침잠되도록 한다.

③ 아이디어들의 유사점을 찾은 후 여러 범주로 분류한다. 이 때, 범주들이 너무 많지 않도록 하며 공통점이 많지 않은 아이디어들은 따로 모은다.

④ 어떤 것이든 새로 떠오른 아이디어는 새로운 카드 위에 적고, 이런 아이디어들을 각 범주에 포함시킨다.

⑤ 범주가 7개 이상이면, 2개 또는 그 이상의 하위범주들을 새로운 상위범주로 조합하는 과정을 반복한다.

단계 2 범주마다 아이디어 추가, 개선, 종합을 통하여 양질의 아이디어를 도출해낸다.

① 각 팀은 한 번에 한 범주씩 작업을 해야 한다.

② 범주 내의 많은 아이디어와 단편적인 아이디어를 조율하여 소수의 선별된 양

질의 실용적인 해결방안으로 좀 더 완벽하게 발전시킨다.

③ 세부적인 것을 추가할 수 있으며, 수정을 가하거나, 아이디어에 편승하거나, 아이디어를 끼워 맞추고 조합할 수 있다. 아이디어 종합(몇 가지 개념들과 아이디어를 새로운 하나로 조합하는 것)을 특히 권장한다.

④ 하나의 아이디어로 합해진 카드들을 서로 묶기 위해 페이퍼 클립을 사용하고 가장 개선되고 종합된 아이디어를 묶음의 제일 위에 놓는다.

⑤ "엉뚱한" 또는 적합해 보이지 않은 해결방안을 서둘러 버리지 않는다.

⑥ 모든 해결방안에 대한 다듬기가 끝나면, 각 범주의 개선된 해결방안을 커다란 종이에 쓰고 칠판이나 벽에 붙여 다음 단계로 넘어갈 준비를 한다.

단계 3 범주 간에 관련이 없는 해결방안을 억지로 끼워 맞춰 본다.

① 최상의 해결방안을 도출하기 위해 모든 범주들로부터 가장 개선된 아이디어들을 조합한다.

② 최종 아이디어들의 다양한 조합을 머릿속에서 시도하라(단순하거나 어려운 아이디어일지라도). 이 과정에서 완전히 새롭고 흥미로운 아이디어가 생성될 수 있다. 다시 개선된 최종 아이디어들을 게시하라.

③ 아이디어를 검토하고 토의하는 과정을 통해 팀은 해결방안의 논리, 의미, 그리고 목적을 이해하게 된다. 이로써 팀은 최선의 해답을 찾을 수 있게 된다.

④ 서두르지 않는다.

⑤ 이 활동은 진행자가 그룹을 나눠 여러 팀으로 세분화된 경우에도 브레인스토밍만 지속된다면 쉽게 2~3차례 실시할 수 있다. 아주 종종 문제해결의 가장 좋은 아이디어가 이때 만들어지기도 한다.

실습활동 7.1 : 다음 중 하나를 선택하여 수행하라.

주말을 보내기 위해 친구들과 집을 떠나 제주도로 여행을 갔다. 준비된 여비를 다 쓴 상태에서 태풍으로 인해 돌아오는 비행기와 배를 탈 수 없는 상황이 되었다.

- 긍정적 사고를 통하여 이 상황을 전화위복의 경험으로 전환시킬 방법을 30가지 이상 찾아라.

- 아이디어 다듬기를 실시한다. 당신은 이러한 아이디어를 통합하거나 다듬어서 몇 개의 실용적인 해결안으로 만들어 보아라.

프로젝트활동 7.1 : 6장 프로젝트 활동에서 도출한 아이디어를 가지고 아이디어 다듬기를 아래의 순서에 따라 실시하라. 아이디어 다듬기의 성과는 무엇이었는가?

1. 아이디어들을 연관된 여러 개의 범주로 분류한다.
2. 범주마다 아이디어 추가, 개선, 종합을 통하여 좋은 아이디어를 도출한다.
3. 범주 간에 관련 없는 아이디어를 억지로 끼워 맞춰본다.

7.2 아이디어 판정

7.2.1 판정의 중요성

준비활동 7.1 : 휴대폰 고르기

여러 가지 휴대전화 중 하나를 고를 때 사용한 판단기준과 우선순위를 토의해 보시오. 판단기준과 우선순위를 기록해 놓고 이에 대한 이론을 학습한 후 다시 토의한다.

창의적 문제해결의 단계 중 이번 단계에서는 이전 단계에서 얻어진 "좀 더 나은" 아이디어 가운데 본래 문제를 해결할 수 있는 최상의 아이디어 또는 해를 고른다. 어떤 것이 최상인지 아이디어를 고르는 도중에 결정해서는 안되며, 그 이전에 평가기준을 세운 후 그 기준에 따라 아이디어와 해결방안의 순위를 정하고 가려내야 한다.

'American Scientist' 잡지의 1992년 11~12월호에 갈릴레오의 이야기가 실려 있다. [그림 7.2]와 같이 강물을 가로지르는 다리 상판의 양쪽 끝이 통나무로 받쳐져 수

평으로 놓여 있었다. 자체 무게로 상판의 가운데가 부러질 수도 있을 것 같아 어떤 사람이 중앙에 제 3의 지지대를 받칠 것을 건의하였다. 의견을 들은 모든 사람들이 그렇게 하면 다리의 안정성이 개선될 것이라 인정하여 이 아이디어는 실행되었다. 그러나 몇 달 후 상판은 가운데가 두 동강나 부러지고 말았다. 원인은 양 끝 지지대와 중앙에 새로 설치된 지지대가 동일한 속도로 침하하지 않았기 때문이었다. 즉, 양 끝에서 하중을 더 이상 받쳐주지 못하자 상판은 부러지고 만 것이다. 이 이야기는 무엇을 시사해 주는가? 이는 판정에 오류가 있을 경우 문제에 대한 해결방안이 실패의 직접적인 원인이 될 수도 있다는 점을 나타내고 있다.

그림 7.2
잘못 선정된 해결방안 때문에 붕괴된 다리

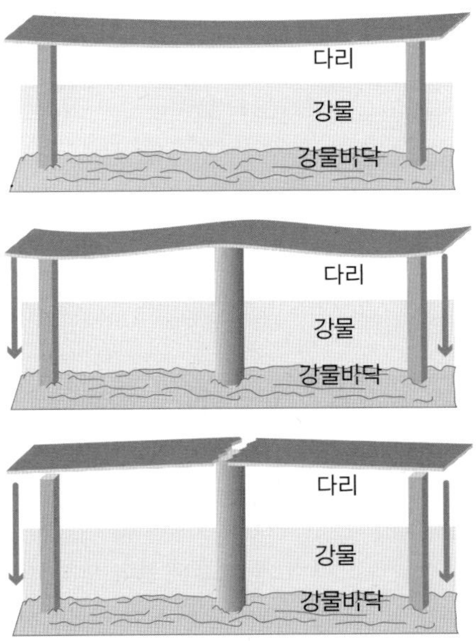

판정자의 역할은 새로운 대안들을 개발하거나 아이디어들을 변형시키거나 또는 그것들에 어떤 작업을 행하기보다는 비판을 하기가 쉽다. 그러나 팀 모두가 모든 시간을 “판정자”처럼 생각하며 보낸다면 많은 것을 성취하지 못할 것이다. “판정자”로서 팀의 역할은 완벽한 아이디어가 나올 때까지 기다리는 것이 아니라 최선의 아이디어를 찾아내는 것이다. “판정자”로서, 팀은 실패가 가져다주는 교훈과 개선시켜야 할 점을 볼 수 있어야 한다. 실패는 시작점이 될 수 있으며 도약의 계기가 될 수 있다.

따라서 아이디어를 최종적으로 판정할 때 모든 실패의 경우를 고려하지 않으면 잘못된 판정이 될 수 있다.

7.2.2 판정을 잘하려면

엔지니어가 우수한 판정능력을 지니려면 실패와 경험을 통해서 배우는 것이 최선이다. 그러나 일부러 실패를 많이 하려고 개인적으로 노력할 필요는 없으며 다른 사람들의 실패사례로부터 간접적으로 배우는 것이 효과적이다.

아이디어를 판정하는 사람은 설계 또는 문제해결 과정 동안 언제라도 발생할 수 있는 오류들을 찾아낼 책임이 있다. 그는 어떤 해결방안이 실행에 옮겨져야 할지 최종 결정을 내리기에 앞서 최선을 다해 그것들의 결점들을 제거하고 위험이나 결과 그리고 인간의 능력과 한계를 포함한 모든 불확실성을 검토하여야 한다.

우수한 판정을 위하여 엔지니어는 다음과 같은 능력을 갖추어야 한다.

- 문제해결 과정 또는 설계 과정에서 발생할 수 있는 실수를 발견하는 능력
- 결점들을 제거할 수 있는 능력
- 아이디어에 내포된 위험, 결과, 불확실성 등을 평가하는 능력
- 판단에 영향을 미치는 편견, 편향된 가치관 그리고 전제조건 등을 인식하여 배제하는 능력
- 비판적 사고력
- 윤리적 판단력

7.2.3 비판적 사고

아이디어 창출에서부터 아이디어 다듬기 과정까지는 항상 긍정적 사고를 견지하고 비판이 금지되었으나 아이디어 판정단계에서는 오히려 비판적 사고가 필요하다. 아이디어 판정에서 비판적 사고의 목표는 논쟁과 증거를 바탕으로 하여 상황이나 입장을 논리적으로 표현하는데 있다. 비판적 사고는 결과에 대한 추론과 함께 문제해결의 필수조건으로서 창의적 문제해결 과정에서 선정된 아이디어나 해결방안들,

설계 그리고 생산품들에 대한 비판을 통하여 개선을 위한 아이디어들이 제안, 검토, 추가되는 과정이다.

비판적 사고자가 갖추어야 할 소양은 다음과 같다.

- 방송매체를 통해 보이는 세상에는 왜곡의 가능성이 있음을 안다.
- 각종 통계 수치는 정확한 상황을 표현하지 않을 가능성이 있음을 안다.
- 현실인식과 그것의 심리적 해석에는 항상 인간적 한계가 포함될 수 있음을 안다(즉, 수면부족 또는 어떤 물질의 소모가 판단에 어떻게 영향을 미칠 수 있음을 안다).
- 정신적 장애, 지나친 일반화 그리고 잘못된 합리화를 인식할 수 있다.
- 문제와 아이디어의 언어적 표현 속에 내포되어 있는 사고와 "언어"의 편향성을 평가할 수 있다.
- 자신에게 정직하다.
- 사실과 느낌을 인식하고, 그것에 가치를 부여한다.
- 사실의 조작을 거부하고 항상 의문을 제기하며 주위의 압력에 관계없이 균형 있는 판단을 내릴 수 있다.

7.2.4 아이디어 순위 매기기 – 가중순위결정법(weighted ranking)

여러 가지 문제 해결 방안들 중 가장 적합한 방안을 선택하기 위해서는 해결방안들 사이에 순위를 매겨 가장 좋은 방안을 선택해야 한다. 이 때 일정한 규칙이 없이 감이나 직관을 이용한 순위 매김(intuitive ranking)을 하는 경우에는 올바른 판정을 할 수 없는 경우가 많다. 그 이유로는 다음을 들 수 있다.

- 순위가 매겨져야 할 해결 방안들에 서로 다른 판정기준을 적용하는 경향이 있다.
- 판정 기준들이 동일한 중요도를 가지고 있다고 생각하는 경향이 있다.
- 해결방안 각각을 다른 모든 해결 방안들과 비교하여 순위 매기지 않는다.

따라서 이런 직관적 순위 매김을 탈피하기 위하여 체계적이고 검증 가능한 판정 기법이 필요한데 가중순위 결정법이 그 중 하나이다.

1) 아이디어 판정 순서

(1) 판정 기준을 브레인스토밍 한다

여러 개의 판정기준이 적용될 수 있는데 이중에는 중요한 판정기준도 있지만 사소한 판정기준들도 있을 수 있다. 판정기준이 너무 많으면 판정하는데 방해가 되기 때문에 중요한 몇 개의 판정기준을 선정할 필요가 있다.

(2) 고르는 기준을 중요도에 따라 순서를 매기고 상위 몇 개를 최종 판정기준으로 정한다.

여러 판정기준의 중요도에 따른 순서를 매기는 과정은 [표 7.1]에서 설명된 2안 비교순위 결정법(pair ranking)을 사용한다.

표 7.1
비교 순위결정법(pair ranking)

① A, B, C, D의 4가지 대안이 있을 경우 먼저 대안A와 대안B를 비교하여 대안B가 더 좋으면 대안B에 투표한다.

대안A
대안B ★
대안C
대안D

② 대안A와 대안C를 비교하여 대안C가 더 좋으면 대안C에 투표한다.

대안A
대안B ★
대안C ★
대안D

③ 대안A와 대안D를 비교하여 대안D가 더 좋으면 대안D에 투표한다.

대안A
대안B ★
대안C ★
대안D ★

④ 대안A에 대한 비교가 끝난 후 대안B에 대하여 같은 요령으로 대안 C,D를 비교하여 더 좋은 대안(여기서는 대안B)에 투표한다.

대안A
대안B ★★★
대안C ★
대안D ★

⑤ 대안C에 대하여 같은 요령으로 대안D를 비교하여 더 좋은 대안(대안C)에 투표한다.

대안A
대안B ★★★
대안C ★★
대안D ★

⑥ 대안들이 N개 있을경우 총 투표수는 N(N-1)/2개이다. 이번 예의 경우 N이 4이므로 총 6개의 투표가 이루어졌다. 획득한 투표수에 따라서 B, C, D, A순으로 순위가 매겨지게 된다.

(3) 가중순위 결정법을 이용하여 아이디어를 판정한다.

가중순위결정법을 이용하여 아이디어를 한정하는 순서가 [표 7.2]에 요약되었다.

표 7.2
가중순위결정법을 이용한 아이디어 판정절차

1 단계 : 순위를 매기기 위한 판정기준을 모두 나열한다.

2 단계 : 판정기준에 대하여 2안 비교 순위 결정(pair ranking)방법에 의하여 순위를 매긴다.

3 단계 : 상위 몇 개의 판정기준을 선택하여 가중치를 총합이 1이 되도록 할당한다.

4 단계 : 가중순위 행렬을 만들고, 가장 왼쪽 열에 순위가 매겨질 해결 방안들을 적고, 가중치와 판정기준들을 선택한다.

5 단계 : 각 판정기준들에 대하여 해결방안들을 비교순위 결정방법에 의하여 투표한다.

6 단계 : 얻은 투표수에 판정기준의 가중치를 곱여 가중점수를 얻는다.

7 단계 : 각 해결방안에 대하여 가중 점수들을 모두 더하여 총점을 얻는다.

8 단계 : 총점에 의거하여 최종 순위를 매기고 맨 마지막 열에 최종순위를 적는다.

9 단계 : 이렇게 얻어진 최종 순위가 타당한지를 검토한다. 즉, 계산오류 또는 가중치오류 등이 있는지 검토한다.

2) 아이디어 판정 예

새 차를 구매하기 전, 5가지 종류의 차(차Ⅰ, 차Ⅱ, 차Ⅲ, 차Ⅳ, 차Ⅴ)에 대한 순위를 매겨 차를 선정하려고 한다. 차 선정 문제에 앞 절에서 배운 아이디어 판정 절차를 적용하여 보자.

1 단계 : 순위를 매기기 위한 판정기준을 모두 나열한다.

① 신차 구입 가격 ② 차량 유지비 ③ 안전성 ④ 운전 편의성
⑤ 차체 미관 ⑥ 승차감 ⑦ 회사의 평판 등의 판정기준들을 결정하였다.

2 단계 : 2안 비교순위 결정법에 의해 판정기준 순위를 결정한다.

판정기준	얻은투표	총투표수
① 신차 구입 가격	★★★★	4
② 차량 유지비	★★	2
③ 안전성	★★★★★★	6
④ 운전 편의성	★★	2
⑤ 차체 미관	★★★	3
⑥ 승차감	★★★	3
⑦ 회사의 평판	★	1

3 단계 : 상위 몇 개의 판정기준을 선택하여 가중치를 총합이 1이 되도록 할당한다.
상위 판정기준인 가격, 차체미관, 신뢰성을 판정기준으로 선택했다.
가중치 (안전성 : 가격 : 차체미관 : 승차감) = 0.3 : 0.3 : 0.2 : 0.2
가중치의 총합은 1이 되도록 만든다.

4 단계 : 가중순위행렬을 만든다. 가장 왼쪽 열에 순위가 매겨질 해결 방안들을 적고 판정기준들과 가중치를 적는다.

판정기준 차종	안전성 가중치:0.3	가격 가중치:0.3	차체미관 가중치:0.2	승차감 가중치:0.2	총점	최종순위
차1						
차2						
차3						
차4						
차5						

5 단계 : 각 판정기준(안전성, 가격, 차체미관, 승차감)에 대하여 해결방안들을 비교순위결정 방법에 의하여 투표한다.

판정기준 차종	안전성 가중치:0.3	가격 가중치:0.3	차체미관 가중치:0.2	승차감 가중치:0.2	총점	최종순위
차1	1	3	3	1		
차2	3	1	2	3		
차3	4	0	0	2		
차4	2	3	4	3		
차5	0	3	1	1		

6 단계 : 얻은 투표수에 판정기준의 가중치를 곱하여 가중 점수를 얻는다.

판정기준 차종	안전성 가중치:0.3	가격 가중치:0.3	차체미관 가중치:0.2	승차감 가중치:0.2	총점	최종순위
차1	1(0.3)	3(0.9)	3(0.6)	1(0.2)		
차2	3(0.9)	1(0.3)	2(0.4)	3(0.6)		
차3	4(1.2)	0(0.0)	0(0.0)	2(0.4)		
차4	2(0.6)	3(0.9)	4(0.8)	3(0.6)		
차5	0(0.0)	3(0.9)	1(0.2)	1(0.2)		

7 단계 : 각 해결방안에 대한 가중 점수들을 다 더하여 총점을 얻는다.

8 단계 : 총점에 의거하여 최종 순위를 매기고 맨 마지막 열에 최종순위를 적는다.

판정기준 / 차종	안전성	가격	차체미관	승차감	총점	최종순위
	가중치:0.3	가중치:0.3	가중치:0.2	가중치:0.2		
차1	1(0.3)	3(0.9)	3(0.6)	1(0.2)	2.0	3
차2	3(0.9)	1(0.3)	2(0.4)	3(0.6)	2.2	2
차3	4(1.2)	0(0.0)	0(0.0)	2(0.4)	1.6	4
차4	2(0.6)	3(0.9)	4(0.8)	3(0.6)	2.9	1
차5	0(0.0)	3(0.9)	1(0.2)	1(0.2)	1.3	5

9 단계 : 이렇게 얻어진 최종 순위가 타당한지 검토한다. 즉, 계산오류 또는 가중치 오류 등이 있는지 검토한다. 최종 선택된 차종이 자기가 직관적인 방법으로 선택한 차종과 차이가 있을 경우가 있는데 그 이유는 다음 중의 하나일 수가 있다.

- 직관적인 판정에서 중요한 판정기준을 제대로 고려하지 않은 경우 (예 : 가격만 고려하고 안전성을 고려하지 않은 경우)
- 판정기준의 가중치의 비중을 적절히 배분하지 못한 경우
- 2안 비교 순위법과 합산을 수행할 때 계산상에 실수를 한 경우

따라서 가중순위 결정법에 의해서 나온 결과를 무조건 받아들이지 말고 계산오류가 있었는지, 가중치를 적절히 배분했는지를 따져보고 최종 판정을 해야 한다.

프로젝트 활동 7.2

프로젝트 수행과정에서 얻은 몇 개의 후보 해결책 아이디어들로부터 최종 아이디어를 선택하는 과정을 수행하라.

❶ 판정기준 브레인스토밍

❷ 판정기준 우선 순위 매기기와 상위 몇 개의 판정기준 선택하기

❸ 판정기준별 가중치 부여

❹ 각 판정기준별 후보 해결책의 2안 비교 판정법 적용

❺ 투표수에 가중치 곱하여 총합을 구함

❻ 최종 아이디어의 선택 및 결과 검토

CHAPTER 08

시각적 사고와 스케치

학습목표	시각적 사고를 하는 능력과 삼차원 물체를 스케치하는 능력 배양		
주제	**이론제시**	**실습활동**	**응용 및 토의**
삼차원 물체 스케치	• 등각도 스케치 법 • 케비넷도 스케치 법	간단한 물체의 삼차원 스케치 실습	실습활동 8.3
마인드 맵핑	• 마인드 맵 스케치 법	실습활동 8.4	프로젝트활동 8.1
과제	자기가 좋아하는 자동차를 등각도로 스케치 해보아라.		

8.1 시각적 사고의 중요성

인간은 생각을 할 때 구술적 사고, 수학적 사고, 감각적 사고, 시각적 사고 등 여러 가지 사고방식을 경우에 따라 적절하게 사용한다. 이 사고방식들은 서로 다르면서도 상호 보완적인 역할을 수행한다. 이들 사고의 특징은 다음과 같다.

- 구술적 사고(verbal thinking): 우리의 일상생활은 구문론(단어 배열에 의한 문장 구성)에 기반을 둔 구술적 사고방식에 큰 비중을 두고 있다. 이 구술적 사고방식은 선형적이면서 논리를 갖춘 구조를 갖고 있지만 정량적인 문제 해결에서는 비효과적이다.

  예: 일반적인 생각, 글쓰기, 논리적으로 말하기
- 수학적 사고(mathematical thinking): 구조와 규약에 따라 행해지며 정량적인 문제 해결에서 효과적이다.

  예: 산수문제, $2x + 3y = 7$ and $x - y = 1 \rightarrow x = 2, y = 1$
- 감각적 사고(sensory thinking): 기억력과 창의적 문제해결에서 효과적이다. 후각, 촉각, 미각, 청각, 근육운동 감각 등에 의한 입력은 해결하려는 문제와 직접적인 관련이 있다. 기분을 좋게 하는 주변 환경의 분위기는 두뇌가 창의적으로 사고하도록 자극하고 고취시키는데 도움이 된다.

  예: 암기 시 색연필 사용, 실습을 통한 학습, 자전거 타는 법 배우기
- 시각적 사고(visual thinking): 창의적 활동에 대단히 효과적이다. 총체적, 공간적인 특성이 있다. 어떤 규칙에 의해서도 제약을 받지 않으므로 이 사고 능력을 개발하게 되면 창의성을 증진시킬 수 있다.

  예: 스케치를 통한 개념설계, 그래프로 그리기, 상상하기

이들 사고방식 중 시각적 사고가 창의적인 문제해결이나 창의적 설계문제에서 매우 중요한 역할을 한다. 따라서 스케치를 이용하여 아이디어를 표현하는 법이나 마인드맵 같은 도구의 사용법 등을 학습해야한다.

두뇌를 효율적으로 사용하기 위해서는 두뇌가 작동되는 특성을 잘 이해하고 이를 활용할 필요가 있다.

그림 8.1
좌우뇌의 특성

좌뇌의 기능
- 언어적
- 논리적
- 분석적
- 계열적
- 신체의 오른쪽을 통제

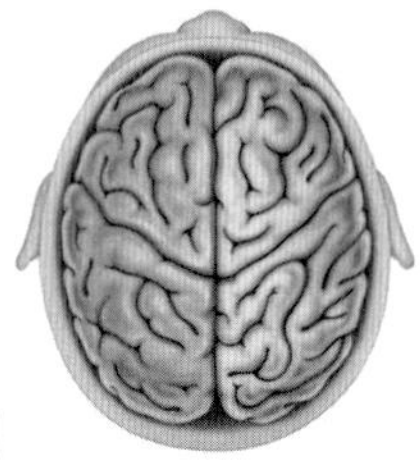

우뇌의 기능
- 영상적
- 직관적
- 종합적
- 비계열적(동시적)
- 신체의 왼쪽을 통제

좌뇌에서는 연속적인(직렬) 처리 방식으로 분석적인 작업을 하며 언어를 담당하고, 우뇌에서는 수평적인(병렬) 처리 방식으로 종합적인 작업을 하며 영상을 담당한다. 비유하자면 좌뇌는 이성적인 두뇌이고 우뇌는 감성적인 두뇌이다. 사물을 인식하고 판단할 때는 좌뇌와 우뇌가 연합함으로써 분석적인 사고활동과 함께 종합적인 사고활동을 실시한다.

두뇌는 시각 정보를 바탕으로 한 시각화 능력이 탁월하다. 어떤 일을 기억할 때에는 우뇌를 주로 사용하는데, 그림이나 사진 등 시각적인 감각을 이용하면 쉽게 학습할 수 있다. 시각화된 정보는 정리가 되어 있어서 대상물에 대한 이해와 기억을 촉진시켜준다. 따라서 우리는 마음에 떠오르는 영상을 만드는 작업을 잘 해야 하며 아이디어를 도식화하는 기술을 개발할 필요가 있다.

시각화 기법을 사용할 때의 장점은 다음과 같다.

- 정보들을 일목요연하게 정리하여 제시할 수 있다.
- 시각적 형태를 기억하게 해주기 때문에 언어적 형태의 기억보다 더욱 효과적이다.
- 시각화 기법을 활용하면 기억의 효과가 대폭 향상될 수 있다.

시각적 사고를 활용할 방안은 다음과 같다.

- 시각화를 하게 되면 사고 능력이 더욱 강화될 수 있다. 문제와 관련된 자료를 가시적인 이미지로 바꾸어 생각하면 문제를 해결하는데 도움이 될 수 있다.
- 해결하고자 하는 목적에 대한 구체적인 상을 머릿속에 자세하게 그려두면 목

적을 향해 나아가는데 도움이 된다. 이 방법은 운동선수의 훈련에도 자주 사용되는데, 목표 기술을 연출할 수 있는 과정이나 동작 등을 생생하게 눈앞에 그려봄으로써 꿈에 그리던 성과를 얻게 된 사례가 많다.

- 시각화는 생각을 잘 할 수 있게 도와주는 아주 강력한 도구가 된다. 우리가 마치 눈앞에서 실물을 쳐다보는 것처럼 머리속에 영상을 떠오르게 할 수 있는 능력을 배양한다면 두뇌 능력개발에서 큰 성과를 기대할 수 있다. 베티 에드워즈에 의하면, 그림을 잘 그릴 수 있는 사람은 대상을 잘 볼 수 있는 방법을 알고 있는 사람이다. 이를 볼 때 시각화를 잘하기 위해서는 대상을 잘 볼 수 있는 능력을 키워야 할 필요가 있다.

실습활동 8.1 : 산행 문제

아래에 제시되는 문제는 당신이 문제를 풀기 위하여 사용하는 사고 전략을 파악하기 위한 것이다. 당신이 문제를 생각할 때 사용하는 여러 가지 방법과 해답을 도출하기 위해 사용하는 효과적인 지능 언어에 관하여 논의해보아라.

시골 어느 산봉우리에 별장이 있다. 이른 아침에 어느 젊은이가 산기슭에 있는 집을 떠나 일정한 속도로 산에 오르기 시작했다. 몇 시간 후에 그는 쉼터 부근에서 걸음을 멈추었다. 젊은이는 한참을 쉰 다음 다시 올라가기 시작했다. 그 후 약수터에서 점심식사를 하였으며 그 다음에 한 번 더 쉬었다. 해가 질 무렵 마침내 그는 별장에 도착하고 하룻밤 잠을 잤다. 다음 날 해 뜰 무렵 그는 집에 가기 위해 하산하기 시작했다. 처음에는 빠른 걸음으로 내려가다가 무릎이 아프기 시작해서 속도를 조금 늦추었다. 그는 저녁 약속이 있어서 해질 무렵까지는 집에 들어갈 계획이었다. 전날에 산에 올라가고 다음날에 내려오는 이 산행에서 젊은이가 하루 중 정확히 동일한 시간에 통과한 지점이 있음을 입증해보아라.

위의 문제를 풀 때 시각적 사고를 활용하는 것이 제일 효과적이다. 아래의 그림에서 보듯이 서술된 내용을 그래프로 표시했을 때 문제의 해결책을 쉽게 얻을 수 있다.

그림 8.2
산에 오르는 경로 문제의 가능한 해답(또는 시각화)

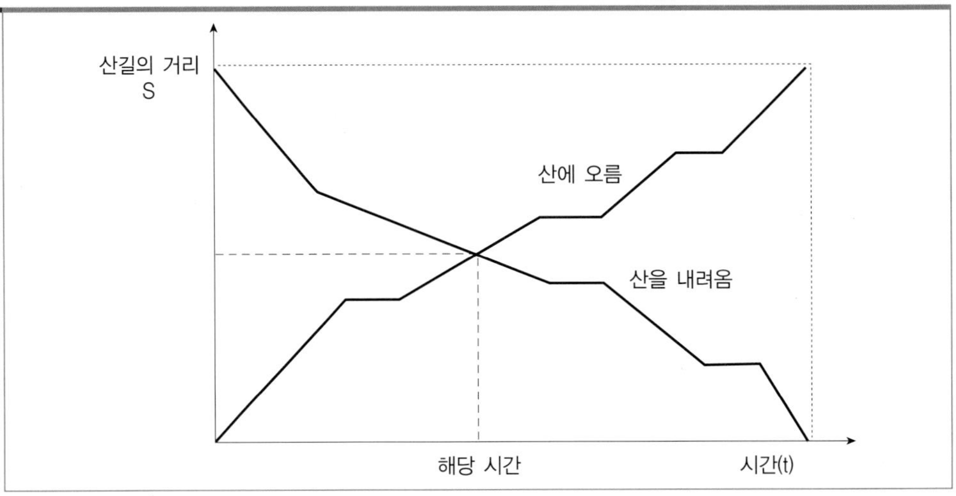

8.2 스케치

- 공학도들에게 프리핸드 스케치란 자나 컴퍼스 같은 도구를 사용하지 않고 손으로 입체형상을 그리는 기술을 말한다. 이는 사람들이 언어를 이용하여 생각을 표현하듯 공학도들이 종이와 연필만을 이용하여 삼차원 물체를 쉽게 표현하는 과정이라고 할 수 있다. 스케치는 자신의 아이디어를 짧은 시간 내에 시각화할 수 있는 유용한 수단으로서 공학도들이 반드시 배우고 익혀야하는 기술 중 하나이다.
- 스케치를 통해 공학도들은 설계 아이디어를 기록하고 구체화할 수 있으며 또한 이 아이디어를 다른 사람에게 쉽게 전달할 수 있다. 따라서 공학도들은 두뇌 활동과 의사전달 능력 향상을 위해 스케치 능력을 배양할 필요가 있다.
  스케치를 사용함으로써 얻을 수 있는 장점을 살펴보면 다음과 같다.
- 개념설계에 활용한다. 핵심적인 부분에만 집중하고 복잡하거나 자세한 부분은 제쳐 놓을 수 있다. 이렇게 하면 두뇌가 직관적이고 창의적인 생각을 촉진시키

며, 아이디어를 종합하는데 도움이 된다.

- 다른 사람들에게 전달할 가치가 있는 시각적 아이디어를 발전시키는데 도움이 된다.
- 스케치를 하는 과정 중에도 의문 사항이나 해결책을 찾는데 도움이 된다.
- 스케치는 모든 사람들에게 사고를 위한 중요한 도구 역할을 하며 창의적 사고 과정의 한 부분으로서 시각화 및 생각하는 도구로 사용될 수 있다.
- 컴퓨터를 이용한 그림보다 빠르고 간편하며 어디서든지 종이와 연필만 있으면 스케치가 가능하다.

대표적인 삼차원 물체의 스케치 방법으로는 등각투상법과 경사투상법을 이용한 입체도가 있다. 등각 투상법으로 그린 그림을 등각도, 경사투상법으로 그린 그림을 캐비넷도라고 한다.

그림 8.3
등각투상법과 경사투상법을 이용하여 표현한 삼차원 물체

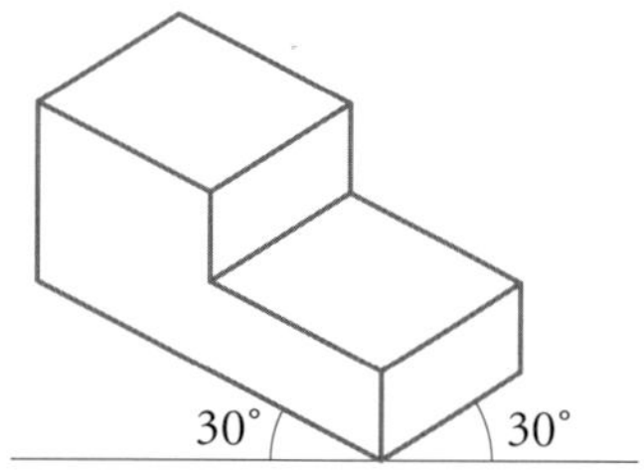

8.2.1 등각도(Isometric Pictorials)

다음과 같은 물체를 등각 투상법을 이용하여 스케치해보자.

그림 8.4
등각도로 그려진 3차원 물체

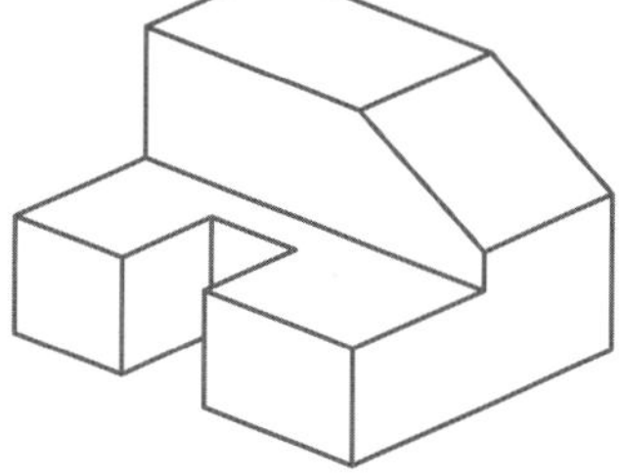

1) 1개의 수직선과 수평선에서 30도씩 기울어진 2개의 선으로 구성된 등각투상축을 그린다 ([그림 8.5 a]). 이 3축은 서로 직교하는 축으로서 물체의 너비, 높이, 깊이 방향을 각각 나타낸다.

2) 등각투상축을 연장한 후 물체 전체를 담을 수 있는 최소 크기의 상자, 즉 경계상자 (bounding box)를 그리고 너비, 높이, 깊이를 각 축에 표시한다([그림 8.5 b]).

그림 8.5
등각도의 경계상자 그리는 순서

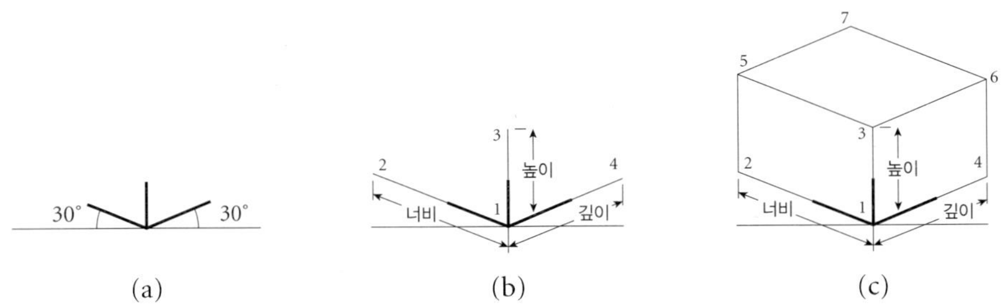

3) 각 축에 표시된 물체의 너비, 높이, 깊이를 이용하여 상자를 스케치한다[그림 8.5 (c)]. 이 때 평행한 두 선분은 등각투상도에서도 평행하게 스케치 되어야 한다. 상자의 정면을 스케치할 때는 선분 1-2에 평행하게 선분 3-5를 그린 후 선분 1-3과 평행하게 선분 5-2를 그린다. 같은 요령으로 선분 3-6과 6-4를 그려서 우측면을 스케치한다. 윗면은 선분 7-6을 5~3에 평행하게 그리고, 선분 5-7을 3-6과 평행하게 그려서 완성한다.

4) 완성된 경계상자 위에 물체의 위치를 [그림 8.6 (a)]와 같이 표시한 후 서로 연결하여 [그림 8.6 (b)]를 완성한다. 같은 요령으로 (c), (d)를 완성한다.

그림 8.6
앞에서 그린 경계상자 내에서 등각도 그리기

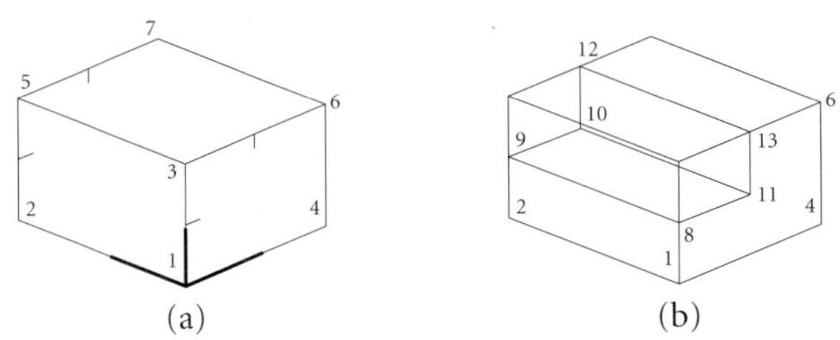

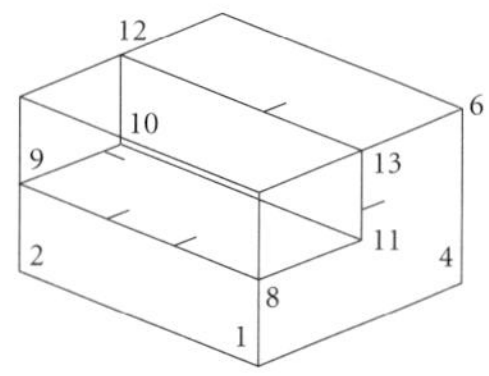

(c)

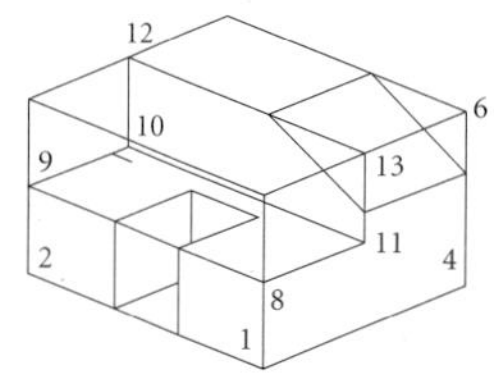

(d)

5) 필요 없는 선들을 지우고 외곽선을 진하게 그려 [그림 8.4]를 완성한다.

이러한 등각도는 하나의 그림으로 정육면체의 세 면을 같은 정도로 표시할 수 있는 장점이 있으나, 그리기가 약간 까다로운 면이 있다.

8.2.2 캐비넷도

[그림 8.3]의 삼차원 물체 캐비넷도를 경사투상법을 이용하여 스케치해보자.

1) 앞의 요령과 비슷하게 경계상자를 그린다. 이 때, 경계상자의 정면을 실제 치수와 1: 1 의 비율로 직사각형으로 그린다. 정면의 각 모서리에서 45도 경사되는 사선을 긋고, 깊이 치수의 1/2 되는 점을 표시를 한 후 연결하여 경계상자를 완성한다. 그 경계상자의 선분 위에 특징점들의 위치를 표시한다. [그림 8.7(b)]

2) 앞의 등각도를 그리는 요령과 동일하게 특징점들을 연결하여 캐비넷도를 완성한다.[그림 8.7 (c) ~ (f)]

이러한 캐비넷도는 정면에 2차원 정면도를 그리고, 이 정면도에 45도의 경사진 깊이를 줌으로써 완성된다. 따라서 캐비넷도는 등각도보다 좀 더 그리기 쉽다는 장점이 있으나 하나의 그림으로 정육면체의 보이는 3면 중 1면만 정확하게 표현할 수 있다는 단점이 있다.

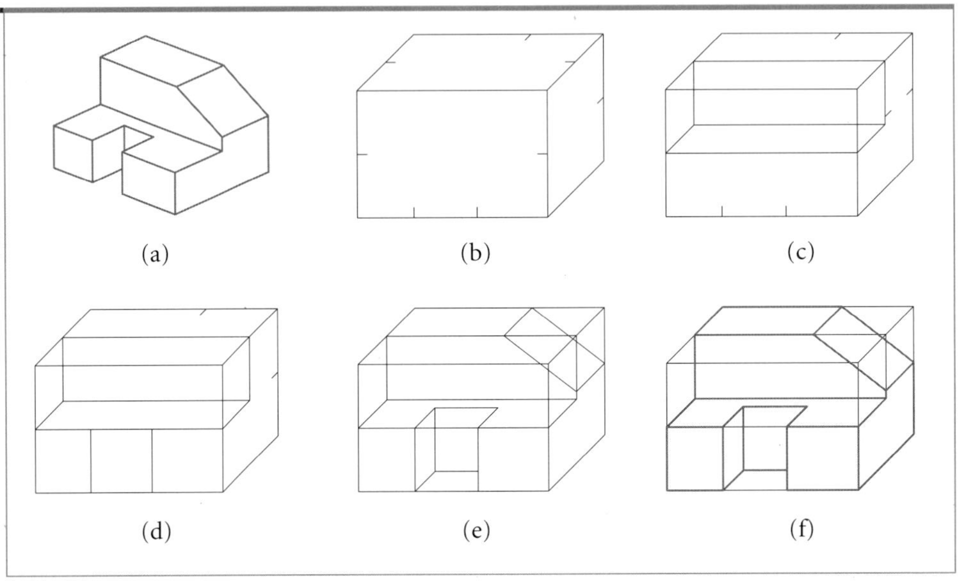

그림 8.7
캐비넷도 그리는 순서

8.2.3 원을 스케치하는 법

물체의 표면에 드릴구멍이 있을 때 정면에 보면 진원으로 보이지만 등각도나 캐비넷도에서는 다르게 보인다. 등각도에서 구멍을 스케치하는 방법을 알아보자

정면에서 바라본 원을 스케치할 때는 (a)정사각형을 먼저 그리고 (b) 사각형변의 중심을 연결하는 십자선을 그려서 중심을 잡는다. (c) 십자선과 사각형변이 만나는 지점은 원이 접하는 곳이므로 원호를 스케치한다. (d) 원호사이를 부드러운 곡선으로 연결한다. (e) 사각형과 십자선과 같은 보조선들을 지우고 원을 완성한다.

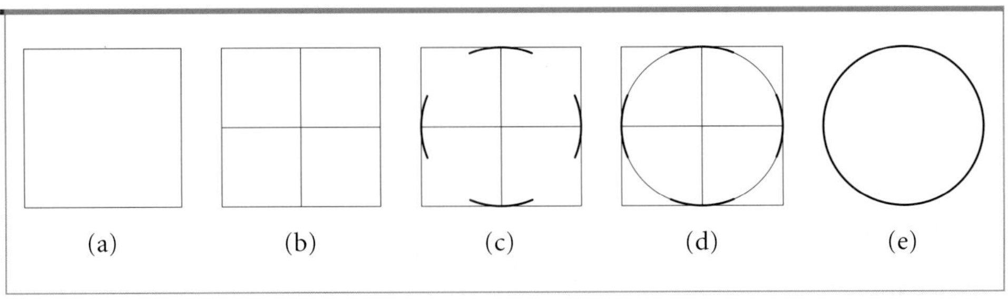

그림 8.8
정면에서 본 원 스케치 하는 법

위와 같은 스케치 순서를 동일하게 등각도에 적용하면 된다. (a) 등각도의 해당면에 대하여 정사각형을 투영하여 그린다. (b) 투영된 정사각형의 십자선을 긋는다. (c) 십자선과 사각형변이 만나는 지점은 원호가 사각형변과 접하도록 스케치한다. 여기서 정사각형이 투영이 되어 있으므로 접하는 원호를 잘 그려야 한다. (d)원호를 연결하여 타원을 완성한다.

(e) 보조선을 지우고 구멍 스케치를 완성한다.

그림 8.9
등각도의 각 면에서 구멍 스케치하는 순서

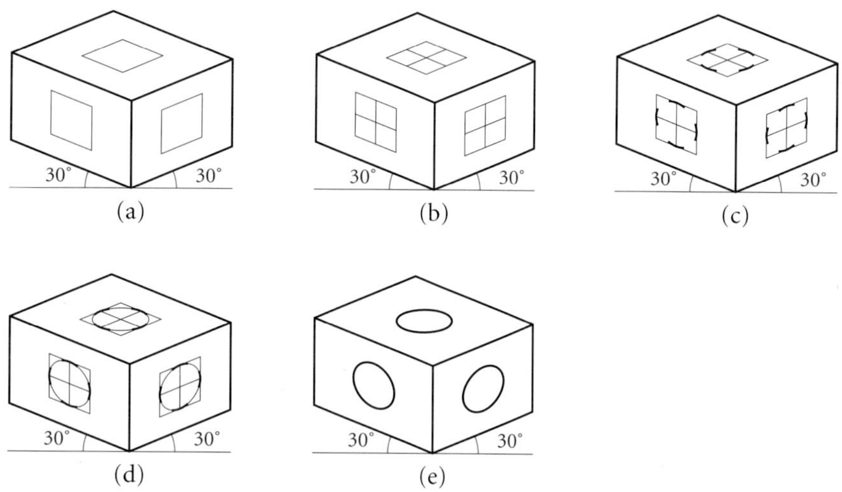

실습활동 8.2 : 높이 8인 육각 너트의 등각도

높이 8인 육각 너트를 등각 투상법으로 스케치하라.

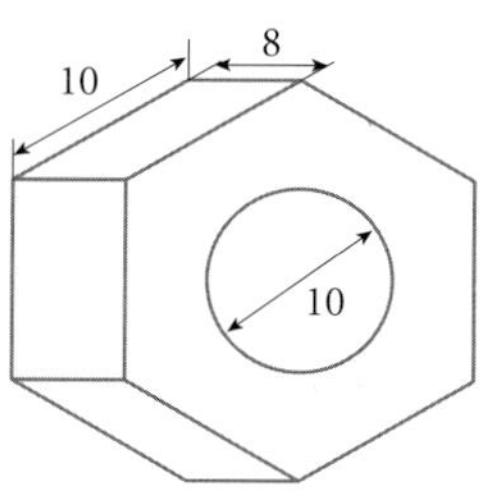

실습활동 8.3

- 자기가 좋아하는 자동차를 등각도로 스케치하라.
- 자신이 가지고 있는 휴대전화를 등각도로 스케치하라.
- 프로젝트 결과물을 캐비닛도로 스케치하라.

8.3 마인드 매핑(mind mapping)

마인드 매핑은 토니 부잔(Tony Buzan)이 최초로 개발하였다. 인간의 두뇌는 기본적으로 주요개념들의 상호 연결 및 연관에 의해 종합적으로 작동된다는 원리에 근거를 두고 있다. 마인드 매핑은 개인이 행하는 브레인스토밍이라고 할 수 있다. 즉 마인드 매핑은 되도록 많은 양의 아이디어를 도출하는 행위를 기본으로 한다. 특히 엉뚱하며 기발한 아이디를 되도록 많이 도출하고 이를 기록하여 나중에 이용한다.

마인드 매핑 하는 순서를 간략히 제시하면 다음과 같다.

1) 종이의 가운데 부분에 동그란 원을 그리고, 해결해야 하는 과제나 주제의 명칭을 그 안에 기록한다([그림 8.8] 참조).
2) 주제에 관련된 여러 가지 측면에 대하여 브레인스토밍하고 앞 단계에서 그린 원에서 바깥으로 향하는 나뭇가지 모양의 선을 그린 다음, 그곳에 도출된 아이디어를 기록한다.
3) 아이디어를 되도록 많이 창출하여 가지가 많아지도록 한다.
4) 시각적 효과를 위에 첨가한다. 예를 들어 색깔을 달리하거나 아이디어를 각기 다른 도형으로 감싼다거나 하여 비슷한 아이디어끼리 연결하여 마인드맵을 완성한다.
5) 완성된 마인드 맵을 검토하여 서로에 대한 연관성을 분석하거나 해결책을 도출한다.

마인드 매핑은 아이디어 도출법으로도 훌륭하고 개인의 직관력의 향상에도 큰 도움을 준다. 또한 발표자료의 윤곽, 연구 논문, 연설문 작성 및 책의 저술 시 목차 정리에도 쓸모가 있다. 다음의 그림은 마인드맵핑의 예시이다. 이와 같은 마인드맵을 쉽게 작성하는데 도움을 주는 컴퓨터 소프트웨어가 판매되고 있다.

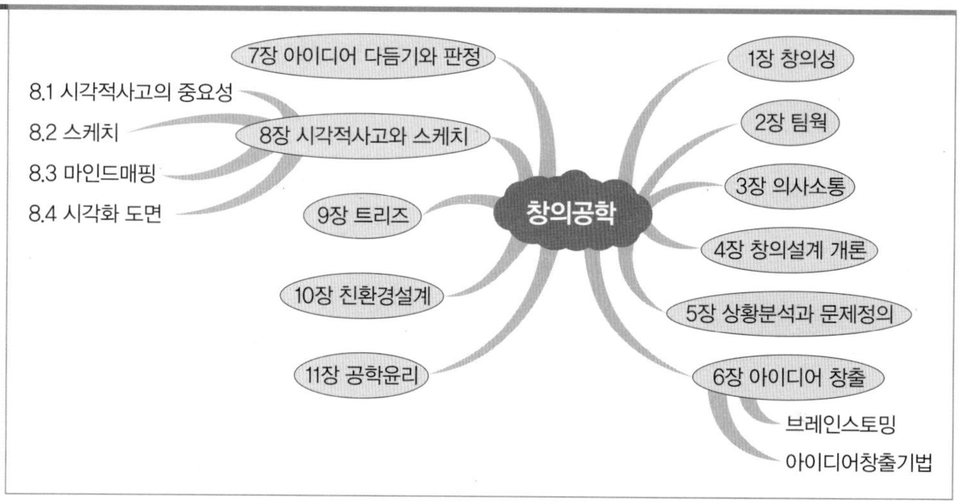

그림 8.10
마인드매핑의 예

실습활동 8.4:

[그림 8.10]에서 주어진 이 책의 목차를 부분적으로 표현한 마인드맵을 최하위 단계까지 작성하여 마인드 맵을 완성하시오. 참고로 위 그림에서 8장은 한 단계 아래 절까지 표현되어있다. 이를 참고하라.

프로젝트활동 8.1

진행 중인 창의공학 프로젝트 주제를 대상으로 한 마인드 매핑을 작성하여 제출하라.

8.4 시각화 도면

자신이 가지고 있는 아이디어를 말로 표현하는 것보다 시각화하여 그림이나 도표로 표현하는 것이 자신의 생각을 정리하는데도 도움이 되고 다른 사람에게 그 생각을 전달하는데도 많은 도움이 된다.

1) 플로우 차트와 다이아그램

공학에서 자주 사용되는 시각화 도면으로는 일이 처리되는 흐름을 도식화한 플로우차트 (flow chart)와 다이어그램 등을 들 수 있다.

그림 8.11
플로우 차트의 예
(영상 전송 흐름도)

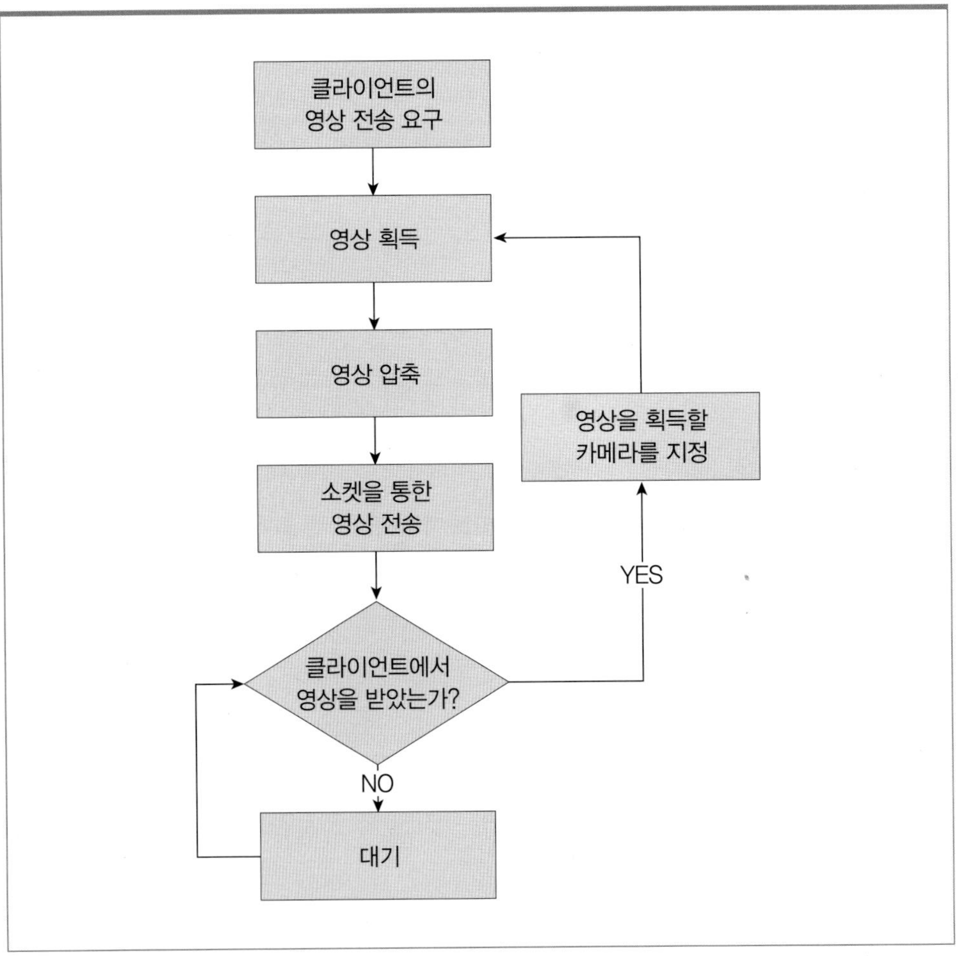

그림 8.12
다이아그램의 예(능동적 원격감시시스템)

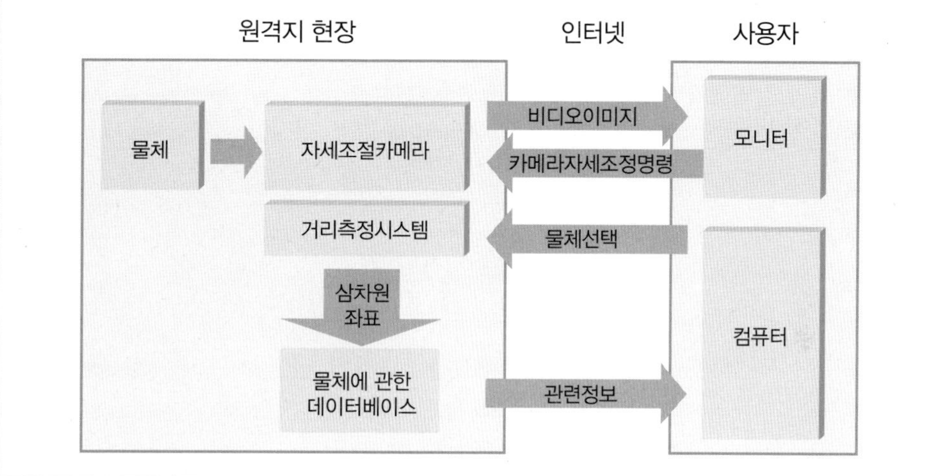

2) 그래프/차트

그래프는 공학적인 데이터를 보기 쉽게 그린 것으로서 대표적인 것으로는 꺽은 선 그래프, 막대그래프, 파이차트, 거미줄 차트, 간트 차트 등을 들 수 있다.

그림 8.13
꺾은 선 그래프의 예
(1차 보정 후의 Y축 오차)

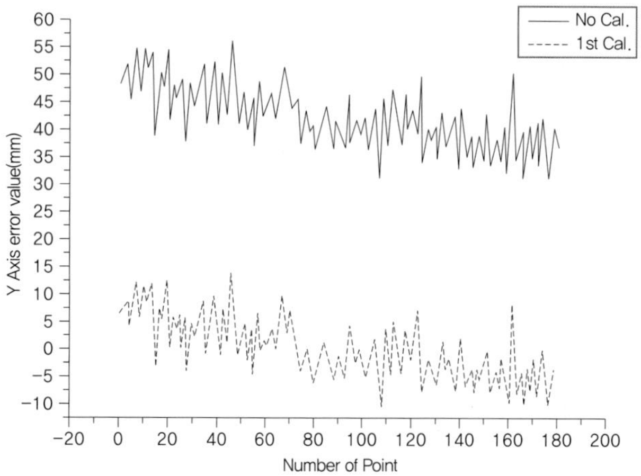

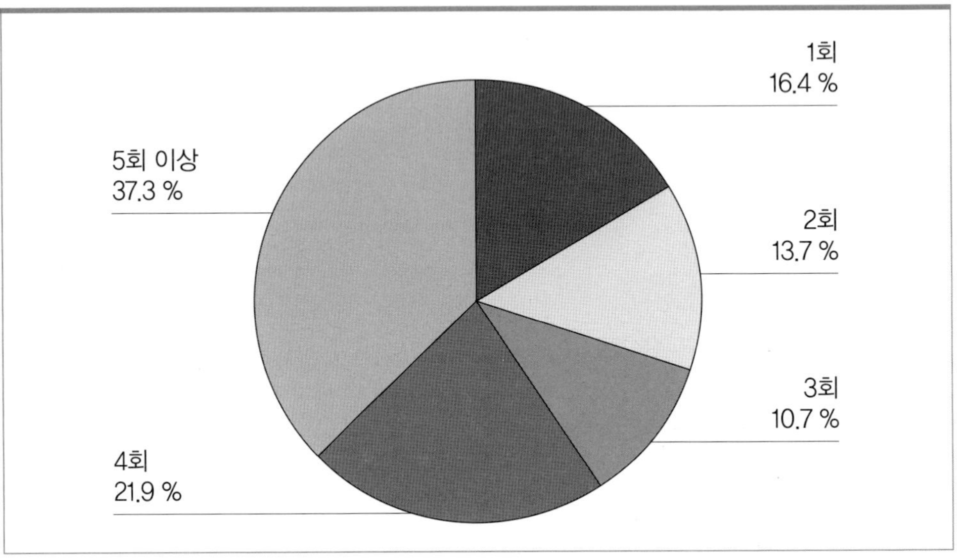

그림 8.14
파이 차트의 예
(설문 답변자의 강의평가 참여 경험)

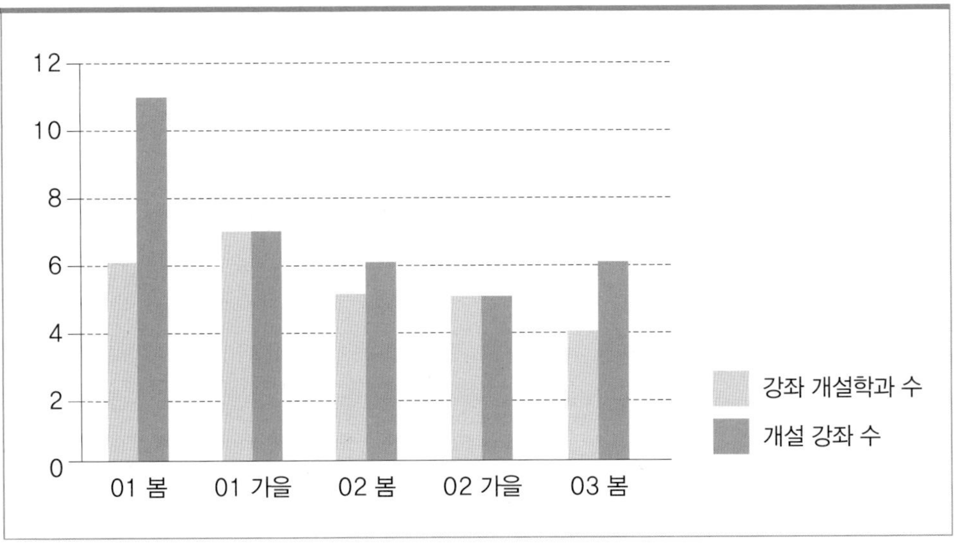

그림 8.15
막대그래프의 예(M 대의 창의 공학 개설 강좌 수의 변화)

그림 8.16
거미줄 차트의 예(학생들의 사고성향)

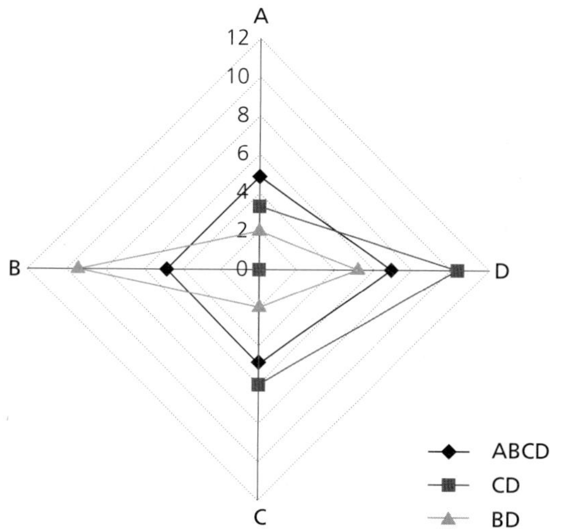

CHAPTER 09

트리즈(TRIZ)

개요

<table>
<tr><td>학습목표</td><td colspan="3">트리즈의 기본 개념 학습: 모순(기술적 모순, 물리적 모순, 모순 해결 포함), 이상성, 자원 등을 학습</td></tr>
<tr><th>주제</th><th>이론제시</th><th>실습활동</th><th>응용 및 토의</th></tr>
<tr><td>트리즈 개요</td><td>• 발명 유형</td><td></td><td></td></tr>
<tr><td>트리즈 기본 개념</td><td>• 기술적 모순과 40가지 발명원리
• 물리적 모순과 분리 원리
• 이상성과 자원</td><td>• 가락 국수 문제 해결
• 아이스크림 컵의 이상성
• 차선 인식용 돌기의 자원 구분</td><td></td></tr>
<tr><td>과제</td><td colspan="3"></td></tr>
</table>

9.1 트리즈란?

트리즈는 러시아 과학기술자 겐리후 알트슐레르(Genrich Altshuller) 박사가 1946년 창시하여 50여 년 이상 개선시키고 발전된 연구개발 방법론으로서 "발명 문제를 창의적으로 해결하기 위한 이론(Theory of the Solution of Inventive Problem)"이라는 러시아 머리글자(Teoriya Reshniya Izobretatelskikh Zadatch; TRIZ)에서 나온 명칭이다.

알트슐레르는 발명과 관련해서 발명에 걸리는 시간을 어떻게 하면 줄일 수 있을까? 발명에서 기존 특허/지식 정보를 이용할 수 있는 방안이 있지 않을까? 높은 수준의 발명은 어떤 원리로써 이루어지는가? 등에 관하여 의문사항을 가졌다. 그는 수준이 높은 특허를 대상으로 해서 분석한 연구결과로서 직관이나 시행착오적 방법에 의존하지 않고 발명 활동에 적용할 수 있는 체계적인 방법들을 제시하게 되었다.

트리즈가 사용하는 기법들은 이상성, 모순, 발명원리, 분리 원리, 자원 활용, 과학 효과 활용, 심리적 타성 제거, 기술체계 진화 원리, 물질-장 분석, 발명 알고리즘(ARIZ) 등이 있다.

트리즈 개념을 이해하기 위해 수학 문제 풀이방법을 생각해보자. 2차 방정식 근을 구하는 문제에서 완전제곱 방식을 써서 해를 구할 수 있지만, 여러 문제를 풀이할 경우에는 이 문제를 2차 방정식의 일반형 $ax^2 + bx + c = 0$으로 놓고서 2차방정식 근의 공식을 사용하여 해를 구하는 것이 더 효과적인 방법이다. 경영과학에서도 실제 문제를 모형화시킨 문제로 단순화시킨 다음, 이 모형 문제의 해결방안을 도출한 후 이를 다시 실제 문제의 해결방안으로 변환시키는 절차를 사용한다.

공학 문제 또는 발명 문제를 해결할 때에도 유형 별로 사용되는 해결책을 사용해서 이를 해당 문제의 해결책으로 사용할 수 있다.

문제해결에서 보편적으로 나타나는 일반적인 원리를 도출하여 동일한 원리들이 서로 다른 산업분야에서 비슷한 문제 해결에 반복적으로 사용되는 사례들을 적용시킴으로써 현안 과제에 대한 해결방안을 도출할 수 있다.

예를 들어, 보석 가공 작업에서 균열 부분을 수작업으로 쪼개는 기존 방법을 개선하는 과정을 살펴보자. 이 작업은 농업 기술에서 유사한 방법들이 있다.

피망 꼬투리 씨 제거방법	도토리 껍질 까기 방법
밀폐 용기 내에서 가압 → 취약 부분인 꼭지에서 균열 발생 → 급격 감압 → 꼬투리와 씨가 분리됨 (1968년 특허등록)	밀폐 용기 물 속에 넣음 → 가열 → 특정 압력 도달 → 급격 감압 → 껍질 파열됨(1986년 특허 등록)

이상에서 볼 때 동일한 해결방안 유형, 즉

"대상물을 밀폐 용기에 넣음
→ 압력을 증가시킴
→ 급격히 감압
→ 폭발력 발생
→ 물질이 쪼개짐"

이 드러난다. 이를 유추해보면 발명유형을 이용한 일반적 해결책으로서 "밀폐 용기 속에 물질을 넣고 점차 압력을 증가시킨 후 갑자기 압력을 떨어뜨리게 되면 물질을 쪼갤 수 있는 폭발력이 발생된다."는 정보를 추출할 수 있다.

보석 균열부분 가공작업에 이를 적용해보자. 고압 용기 속에서 수천 기압까지 가압하다가 급격 감압시키면 보석에서 균열된 부분이 자동적으로 쪼개질 것을 예상할 수 있다(문제의 해결책에 대한 개념이 도출된 다음 실제로 고압 용기 속에서 가압할 압력 수준을 결정해야 되는데, 이를 위해서는 차후에 실험계획법 등을 적용함으로써 압력의 최적치를 산출해낼 수 있을 것이다).

다음 사례들의 공통적인 원리는 용해, 증발, 용융, 화학 반응에 의해 제거할 수 있는 심(心) 위에 다른 물체를 제조하는 방법이다([표 9.2], 40가지 발명원리, '34. 폐기와 재생' 참조).

- **미세 스프링 제조방법:** 신축성 재료로 만든 축에 철사를 감아서 스프링을 만든 다음에, 이 신축성 재료를 용해하는 액체 속에 스프링을 감은 신축성 재료를 담

가서 재료를 제거한다. 생산 능력이 매우 높아진다.

- **거대한 고무공 제조방법:** 백분과 물의 건조 혼합물로 공의 중심부를 만든 다음에 공 외부에 고무를 입힌다. 최종적으로, 공 안에 액체를 주입하여 중심부를 없앤다. 이로써 필요한 크기를 갖는 속이 빈 고무공을 만들 수 있다.
- **속이 빈 압출 성형 제품 제조방법:** 마그네사이트 가루와 같은 내화 소재로 채워 용접시킨 강철 샌드위치를 충전제로 말아서 제작한 다음에 이 충전제를 제거한다. 이 방법을 사용함으로써 압출 성형 제품들을 크기와 모양이 다양하게 제조할 수 있다.

9.2 트리즈를 이용한 공학설계

준비활동 9.1 : 취업 면접에서 곤란한 답변

취업 면접에서 "당신의 약점은 무엇인가?" 라는 면접관의 질문을 받았다. 답변으로 솔직하게 대답하자니 불리한 평가를 받을 것이 눈에 보일 듯하고 막상 약점을 숨기자니 마음이 매우 불편해질 것 같다. 이와 같은 상황에 처하게 되었을 경우, 적절한 답변을 마련해보아라.

9.2.1 모순

기술 시스템에서 어느 한 가지 특성을 개선하고자 의도할 때 어떤 다른 특성이 악화되는 상황이 발생됨으로써 시스템의 개선이 어려워지는 경우는 흔한 일이다. 트리즈에서는 이러한 갈등 상황을 모순(矛盾, Contradiction)이라고 부른다.

자동차의 경우, 엔진의 출력을 올리려면 엔진의 무게가 증가되고 이에 따라서 차체가 더 강력해져야 하고 연료 소비 또한 증가되지 않을 수 없다. 엔진의 출력 증가가 무게 증가와 연료 소비 증가로 이어지는 갈등 상황이 발생된다.

모순에는 기술적 모순과 물리적 모순이 있다.

모순	설명
기술적 모순 (Technical Contradiction)	어느 한 가지 특성을 개선할 때 악화되는 다른 특성이 발생되는 경우를 말한다. 이 경우에 흔히 절충(trade off)을 사용하는 경우가 많다.
물리적 모순 (Physical Contradiction)	어느 한 가지 특성에서 서로 상반되는 요구가 발생됨으로써 야기되는 갈등이다.

기술적 모순과 물리적 모순에 관련된 예를 몇 가지 들어보면 다음 [표 9.1]과 같다. 공학 문제에서 문제를 해결한다는 것은 모순을 제거한다는 의미이다. 모순을 찾아내 이를 극복하는 방안을 모색함으로써 창의적인 발명이 도출될 가능성이 크다. 따라서 모순을 인식하는 것은 창의적인 문제해결의 대단히 중요한 출발점이다.

표 9.1
기술적 모순과 물리적 모순 예시

구분	기술적 모순	물리적 모순
제품의 강도	캔의 재료비를 줄이려고 두께를 얇게 하면 강도가 낮아져 적재 높이가 낮아진다. 적재 높이를 유지하기 위해서는 캔의 두께를 얇게 하기 어렵기 때문에 재료비를 줄일 수 없다.	캔의 두께는 얇아야 하며, 또한 두꺼워야 한다(재료비를 줄이려면 캔의 두께가 얇아야 하지만 적재 높이를 유지하기 위해서는 캔의 두께를 얇게 하면 안된다).
휴대 전화 자판	휴대전화 자판은 휴대성을 높이기 위해서 작으면 좋지만 노인들이 사용하기에는 불편하다. 젊은 세대의 기호를 반영하면 노인 세대의 만족도가 낮아진다.	휴대전화 자판은 작아야 하지만 또한 커야 한다.
방파제 건설	선박의 안전을 위해서는 방파제를 건설해야 하지만 방파제 설치가 해류의 흐름을 변경시켜서 양식업에 피해를 입힌다.	방파제를 건설해야 하지만 건설해서는 안된다.

양변기	양변기의 트랩은 악취를 막아주지만 물 사용을 증가시킨다. 물을 절약하기 위해서 트랩을 없애면 악취를 막지 못한다.	양변기에서 트랩이 있어야 하지만, 그러나 없어야 한다

9.2.2 기술적 모순과 40가지 발명원리

알트슐레르에 의하면, 발명문제는 최소한 한 개의 모순을 포함한다. 어느 한 가지 특성을 개선할 때 악화되는 다른 특성이 발생되는 기술적 모순을 해결하는 과정에서 40가지 발명원리가 유용하다. 40가지 발명원리는 알트슐레르와 그의 동료들이 수많은 특허들을 조사하고 동일한 해결책이 반복적으로 사용된 사례를 수집, 검토, 분석한 결과이다. 이를 간략하게 요약하면 다음 표와 같다.(자세한 내용은 부록 참조)

표 9.2
40가지 발명원리

1. 분할	2. 추출	3. 국소적 성질
4. 비대칭	5. 통합	6. 범용성
7. 포개기	8. 무게 보상	9. 사전 반대 조치
10. 사전 조치	11. 사전 보상	12. 높이 맞추기
13. 역방향	14. 곡선화	15. 역동성
16. 과부족 조치	17. 차원 바꾸기	18. 기계적 진동
19. 주기적 작동	20. 유용 작용의 지속	21. 급속 처리
22. 해로움을 이로움으로	23. 피드백	24. 매개체
25. 셀프 서비스	26. 복제	27. 값싼 일회용품
28. 기계적 상호작용을 대체	29. 공기압과 수압	30. 유연한 막과 얇은 필름
31. 다공성 물질	32. 색상 변경	33. 동질성
34. 폐기와 재생	35. 속성 변환	36. 상전이
37. 열팽창	38. 강 산화제	39. 불활성 환경
40. 복합 재료		

40가지 발명원리들은 해결책에 대한 단서를 구체적으로 제공하는 역할을 한다. 해결하려는 문제에 대해서 발명원리들을 숙고하고 다양한 간접 경험을 의도적으로

체험해봄으로써 비교적 빠른 시간 내에 문제를 여러 측면에서 바라볼 수 있다. 체험이 가지는 좁은 측면을 보완하여 문제 해결자가 지니는 심리적 타성의 벽을 낮추는 부수 효과가 있을 것으로 기대된다.

그림 9.1
파이프 마모 문제

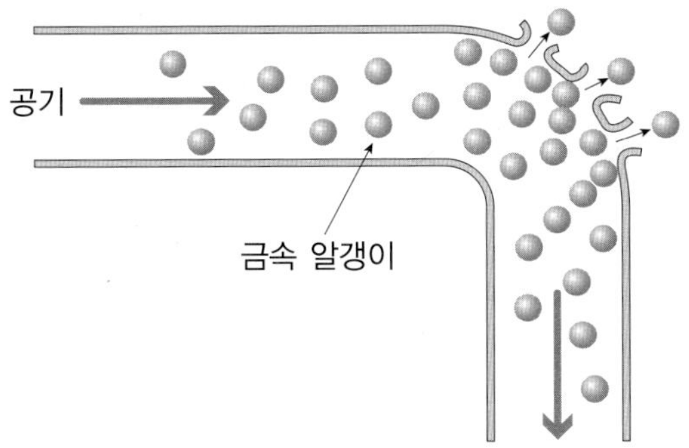

예 1) 고속으로 이송하는 파이프 시스템에 대해서 살펴보자. 이 시스템은 처음에는 플라스틱 알갱이들을 이송했으며 도중에 방향 전환을 목적으로 직각으로 굽은 파이프 부분이 있도록 설계되었다. 그런데 이송 대상물이 금속 알갱이로 변경된 다음부터 굽은 파이프 부분의 잦은 마모로 파이프 수명이 급속도로 짧아지기 시작했다. 빠른 공기 흐름에 의거해서 고속으로 이송되는 금속 알갱이들로 인해서 파이프의 구부러진 부분이 급속히 마모되는 문제를 해결해야 한다. 금속 알갱이의 이송 방향 전환은 필요하며, 또한 이동 속도를 늦추지 않는 것이 생산성에 도움이 될 것이다. 통상적으로 마모 속도를 늦추기 위해서 굽은 부분의 파이프 재질을 더 강한 것으로 교체하는 방안이 있지만 추가 비용이 필요하다는 단점이 있다.

문제 상황에서 기술적 모순을 다음과 같이 서술할 수 있다.

기술적 모순: 금속 알갱이를 빨리 이송하려면 굽은 파이프 부분에서 손상이 증대된다. 굽은 파이프 부분의 손상을 줄이려면 금속 알갱이의 이송속도가 감소되어 생산성이 줄어든다.

40가지 발명원리 중에서 발명원리 22번, 24번, 28번, 33번이 문제해결의 창의적 아이디어 도출과 관련될 수 있으며, 이를 제시하면 다음 표와 같다.

표 9.3
발명원리를 사용한 창의적 아이디어 도출–파이프 마모 문제

발명원리	발명원리 설명	창의적 아이디어 도출
원리 22. 해로움을 이로움으로	• 바람직한 효과를 달성하기 위하여 해로운 인자(특히, 환경이나 주변의 해로운 효과)를 사용한다. • 주요한 해로운 작용에 다른 해로운 작용을 부가함으로써 원래의 해로운 작용을 제거한다. • 유해한 요인이 더 이상 유해하지 않을 때까지 그것을 증가시킨다.	• 주요한 해로운 작용에 다른 해로운 작용을 부가함으로써 원래의 해로운 작용을 제거한다. → 금속 알갱이들끼리 서로 부딪치게 함으로써 파이프를 손상시키는 에너지를 상쇄시킨다.
원리 24. 매개체	• 중간 매개체 혹은 중간 공정을 사용한다. • 하나의 물체를(쉽게 제거할 수 있는) 다른 물체에 임시로 결합한다.	• 중간 매개체 혹은 중간 공정을 사용한다. → 이동 중인 금속 알갱이를 사용한다.
원리 28. 기계적 상호작용을 대체	• 기계적인 방법을 감각적인(빛, 소리, 맛 또는 냄새) 방법으로 대체한다. • 물체와 상호작용하도록 전기, 자기, 전자기장을 사용한다. • 정적인 장을 동적인 장으로, 비구조적인 장을 구조적인 장으로 변경한다. • 장을 사용할 때, 장 활성화(예, 강자성체) 입자와 연계해서 사용한다.	• 물체와 상호작용하도록 전기, 자기, 전자기장을 사용한다. → 금속 알갱이들을 파이프에 붙잡아두기 위해서 자기장을 사용한다.
원리 33. 동질성	• 똑같은 재료(또는 동일한 특성을 가진 재료)로 된 주어진 물체와 상호작용하도록 물체들을 만든다.	• 똑같은 재료(또는 동일한 특성을 가진 재료)로 된 주어진 물체와 상호작용하도록 물체들을 만든다. → 금속 알갱이를 사용해서 파이프를 보호한다.

그림 9.2
파이프 마모문제 해결방안

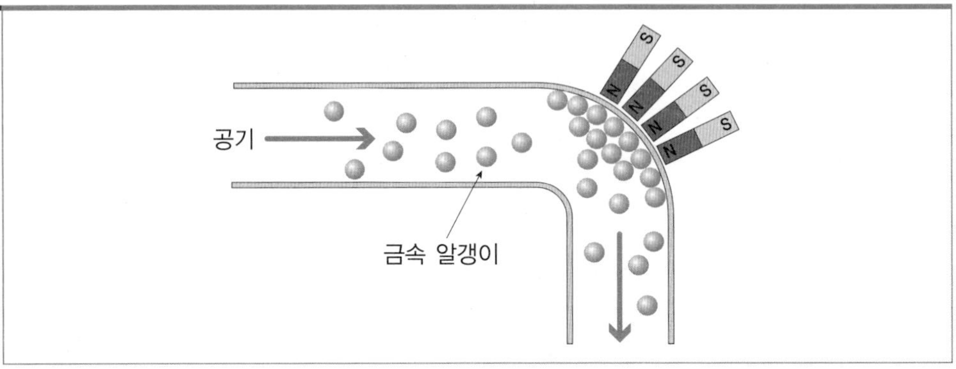

발명원리의 아이디어를 다양하게 검토한 결과, 기술적 모순을 해결하는 방법으로 금속 알갱이들이 굽은 파이프에 충돌하는 에너지를 흡수하게 될 금속 알갱이의 층을 제공할 수 있도록 파이프의 굽은 부분에 자석을 부착하는 방안이 도출되었다. 자기장의 힘에 의해서 금속 알갱이들이 파이프 내벽에 붙잡혀 있게 되면, 고속으로 이송된 금속 알갱이들이 굽은 파이프에 부딪치기 직전에, 자석에 의해서 벽에 붙어 있던 금속 알갱이들에 먼저 부딪치게 된다. 파이프 내벽에 붙어 있던 금속 알갱이들이 튕겨 나가더라도, 또 다른 금속 알갱이들이 자장에 끌려서 이 빈 자리를 다시 채우게 될 것이다. 이렇게 해서 금속 알갱이들이 굽은 파이프의 내벽을 보호해줌으로써 파이프의 마모 문제가 해결될 것으로 기대할 수 있다.

금속 알갱이 이송문제와 유사한 다음 연습문제들이 있다.

파이프 속을 지나가는 대상물이 다음과 같을 경우에는 해결방안이 어떻게 변경될까?

(1) 곡물이 이송되는 경우
(2) 생활하수 찌꺼기(슬러지)가 이송되는 경우

예 2) 기관차의 견인력 문제를 살펴보자. 기관차는 쇠로 된 레일 위를 쇠로 된 바퀴로 굴러간다. 레일과 바퀴 사이에 마찰력이 작용하므로 기관차의 무게가 무거울수록 견인력이 높아진다. 그렇지만 기관차의 무게가 무거우면 연료 소비가 심하다. 기술적 모순을 어떻게 해결할 수 있을까?

발명원리 8 : 무게 보상 개념을 적용할 수 있다.

발명원리 8. 무게 보상 (counterweight)

a. 물체의 무게를 상쇄하기 위해 양력을 제공하는 다른 물체와 결합시킨다.
b. 물체의 무게를 상쇄하기 위해 주위 환경과 상호작용하게 한다.

기관차 바퀴 안쪽에 강력한 전자석을 설치하여 바퀴를 레일에 밀착시키게 되면 마찰력이 증가하므로 기관차 무게를 증가시키지 않고서도 견인력을 높이는 것이 가능해질 것이다.

9.2.3 물리적 모순과 분리 원리

약병은 마개를 열고 닫는 일이 쉬워야 한다. 그렇지만 안전을 위해서는 어린이가 사용하기 어려운 것이 좋다. 즉, 성인은 사용하기 쉬워야 하며 어린이는 사용하기 어려운 것이 좋다. 사용하기 쉬워야 하면서도 어려워야 하므로, 이는 물리적 모순에 해당된다.

물리적 모순은 약병 마개의 경우와 같이, 한 가지 존재 상태가 상호 배타적인 정반대 상태와 공존이 요구되거나 어떤 상황에서는 증가되어야 하며 또 다른 상황에서는 감소되어야 하는 상태의 모순을 말한다. 물리적 모순과 관련된 특징을 살펴보면 다음과 같다.

- 어느 시스템에서 물리적 모순이 존재할 때, 이 모순을 제거할 수 있으면 시스템의 수준이 대폭 향상된다.
- 한 가지 기술적 모순은 여러 개의 물리적 모순으로 전환이 가능하다.
- 물리적 모순은 기술적 모순에 비해서 문제의 본질적인 파악 수준이 더 깊다는 평가를 받는다. 물리적 모순의 해결 성과가 크므로 기술적 모순을 물리적 모순으로 변환시켜 모순을 해결하는 방안이 유리하다.

물리적 모순을 해결하기 위해서는 "분리 원리"를 사용한다. 주로 시간에 의한 분리, 공간에 의한 분리, 조건에 의한 분리, 부분과 전체에 의한 분리 등의 방법들이 많이 적용된다. 앞에서 언급한 약병 마개의 경우에서 분리 원리를 사용할 수 있다. 손가락 크기나 압력을 가하는 스타일에 따라 성인과 어린이로 분리하여 성인인 경우에는 사용이 쉽도록 하고 어린이에게는 어렵도록 약병 마개를 설계한다.

분리에 의한 물리적 모순의 해결 사례를 살펴보자.

[유리판 가공 문제-시간에 의한 분리]

얇은 유리를 타원형 모양으로 다량 제작하는 주문을 받았다. 유리판을 직사각형 모양으로 자른 다음에 타원형이 되도록 갈아내는 과정에서 유리가 너무나도 얇아서 자주 깨지기 때문에 불량이 많이 발생되었다. 유리를 갈아내려면 두께가 어느 정도 두꺼워야 불량이 줄어든다.

유리는 얇아야 한다. 그러나 두꺼워야 불량이 감소된다. 이는 물리적 모순이며, 시간적으로 분리가 가능한 경우이다. 얇은 유리가 제조하는 동안에만 두꺼워지면 된다. 해결 방안은 얇은 유리판을 두껍게 겹친 다음에 묶음으로 갈아내는 것이다.

[도금 문제-공간에 의한 분리]

금속을 도금 전해조에 넣어 도금을 한다. 이때 용액의 온도가 높으면 도금의 진행 속도가 빠르지만 반면에 용액이 쉽게 분해되는 단점이 있다. 반대로 용액의 온도가 낮으면 도금의 진행 속도가 너무 느려서 생산성이 낮은 단점이 있다. 도금의 생산성을 높이기 위해서는 전해조 온도가 높아야 한다. 그러나 용액의 경제성을 높이기 위해서는 온도가 높지 않아야 한다. 이것은 물리적 모순에 속한다. 이 물리적 모순을 공간에 의한 분리로 해결하여 부 분적으로 금속 표면의 온도만 높이고, 용액 전체의 온도는 낮은 채로 유지한다.

실습활동 9.1:

가락 국수가 맛이 있으려면 씹는 맛과 목구멍을 넘어가는 부드러움이 중요하다. 강력분 밀가루로 국수를 만들면 씹는 맛이 뛰어나지만 부드러움이 적다. 중력분 밀가루를 사용하면 부드럽지만 씹는 맛이 부족하다. 해결 방안을 제시해보아라.

❶ 기술적 모순을 서술하시오.

❷ 40가지 발명원리를 적용하여 해결책을 도출해보아라.

❸ 물리적 모순을 서술하시오.

❹ 물리적 모순의 해결책을 도출해보아라.

9.2.4 이상성

자전거는 1790년에 처음 등장된 이후로 끊임없이 발전되어 왔다.

"셀레리페르" 자전거(1790) → "드라이지네"-조향 가능(1816)

→ "벨로시페드"-앞 바퀴에 페달을 설치해서 땅을 발로 차지 않고서도 주행(1861)

→ "오디너리"-앞 바퀴를 크게 해서 속도가 빨라짐(1870)

→ "세이프티"-체인을 장착(1987)

→ 변속 기어, 브레이크 장치, 공기압 타이어 등을 사용해서 지속적으로 발전됨

그림 9.3
자전거의 발전

현재의 자전거는 초기 자전거에 비해 많은 개선이 이루어졌으며 이와 함께 부품 개수 또한 증가되었다. 자전거에서 특성의 개선 폭과 부품 수의 증가 폭을 비교해보면 개선된 특성이 증가된 부품 수보다 상대적으로 크다. 이러한 척도를 이상성이라고 하며 자전거의 이상성은 증가되었다고 볼 수 있다.

이상성(ideality)은 시스템의 유용한 기능의 합계를 시스템의 바람직하지 못한 특성(결점)의 합계로 나눈 값으로 정의한다.

$$\text{이상성} = \frac{\sum \text{시스템의 유용한 기능}}{\sum \text{시스템의 바람직하지 못한 특성}}$$

시스템의 유용한 기능은 가치 있는 기능을 말하며 시스템이 수행하는 기능의 수, 기능의 성능 수준 등에 의해서 평가가 가능하다. 자동차의 경우 이동 편리성, 시간 절약 등이다.

시스템의 바람직하지 못한 특성(결점)들은 비용, 부품의 크기, 무게, 개수, 공간, 소요 에너지, 소음 등과 같이 측정 가능한 대상뿐만 아니라 무형적인 특성, 즉 다루기 어려움, 불편함 등도 포함된다. 자동차 경우, 비용, 에너지 소모, 공해 발생 등이다.

터빈 발전기를 예로 들어보자. 1950년대에는 10만 kW 터빈 발전기는 무게가 약 200톤이었으나, 1970년대에는 50만 kW 터빈 발전기의 무게가 약 400톤이 된 경우에는 분자가 5배, 분모가 2배가 되어 이상성이 약 2.5배가 된 것으로 볼 수 있다.

이상적 최종결과(IFR, Ideal Final Result)는 이상성 정의(공식)에서 {$\sum$유익한 기능}(분자)은 극대화되고 {$\sum$해로운 기능}(분모)은 극소화되어 이상성의 값이 무한대(∞)로 커진 경우이다.

문제의 해결 방법을 미리 알아내기는 극히 어려운 일이다. 그렇지만 이상적 해결 방법을 추측하는 것은 충분히 가능하다. 상상된 최종 결과, 즉 이상적 최종 결과(IFR)는 문제 해결 과정에서 예상 가능한 궁극적인 성과이며 이것은 시스템의 이상성 증가 추세에 따른 최종 도달 목표가 된다.

이상성(이상적 최종결과, 이상 시스템 등을 포함)은 문제 해결 과정에서의 기본 개념에 해당된다. 주요 유용한 기능을 증가시키기 위한 시도에서 기술 시스템의 확장이 이루어지며 설계자가 자원, 에너지 소비, 동력 등을 끊임없이 증가시키려는 시도의 결과로서 이따금 거대하고 복잡한 기술 시스템이 만들어진다. 이런 터무니없이 거대하고 복잡, 강력한 기계가 이상 시스템에 가깝다고 생각하는 것은 커다란 착각이다. 대부분의 "어려운" 문제들은 기술 시스템 진화의 주요 추세와 상치되는 요구 조건에 맞추어져 있다는 사실에서 유래된다.

기술 시스템은 이상성 증가 법칙에 따르며 시스템이 진화하는 여러 유형들은 시스템의 이상성 증가를 달성하기 위한 방안과 관련된 것으로 간주할 수 있다. 이상성 개념은 기술시스템 발전에서 핵심적인 역할을 한다.

혁신 과정을 계획하거나 실행할 때에는 반드시 이상성 개념과 이상적 최종 결과(IFR)를 사용할 필요가 있다.

이상성을 이용한 문제해결 사례를 살펴보자.

산에 대한 여러 가지 합금의 내성을 비교하는 실험이 있다. 산을 담은 실험 용기 속에 여러 합금 시편들을 넣고 일정 시간이 경과된 다음, 해당 시편에 대한 산의 효과를 알아보는 실험이다. 그런데 문제는 산이 실험 용기를 손상시킨다는 점이다. 그러나 용기 내벽을 유리 또는 내산성 재질로 코팅하는 방법은 비용 문제가 커서 비경제적이므로 이상성을 이용해보자.

이상적 최종해는 실험 용기 없이 산과 시편을 접촉시키는 것이다. 해결 과제가 변형되었다. 즉, 실험 용기 없이 산과 시편을 접촉시키는 방법을 도출하자. 이용 가능한 자원은 시편, 공기, 중력, 부착력 등이다. 해결책은 시편으로 산을 담는 용기를 만드는 방안이다.

그림 9.4
산과 시편 문제와 해결 방안

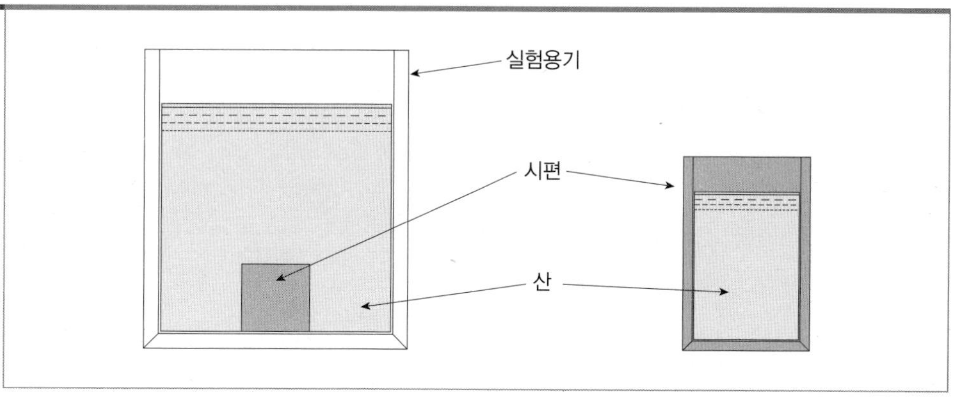

실습활동 9.2:

아이스크림 컵은 플라스틱 또는 종이를 재료로 하며 컵의 주요 기능은 아이스크림을 담아두는 것이다. 이것의 이상적인 수단(제품)에 대해서 논의해보아라.

9.2.5 자원

문제해결에서 이용할 수 있는 모든 대상을 트리즈에서는 자원이라고 부른다. 자원을 정의하자면 시스템(또는 환경)의 구성 요소로서 이상성(Ideality)을 높이는 활동 과정에서 사용될 수 있는 시스템 내부와 주위에서 가용한 물질, 에너지, 공간, 부산물 등이다.

- 혹한 지역에서 성냥 대용으로 얼음 볼록렌즈를 사용함
- 식탁 위에 놓아둔 물 그릇의 진동으로 지진이나 폭격기 공습을 감지

자원은 문제해결 과정에서 대단히 유용한 도구이다. 문제의 모순을 해결하는데 사용할 수 있으며 시스템 개선 방법의 아이디어를 자극해줌으로써 새로운 아이디어를 바로 얻을 수 있도록 해주기도 하고, 시스템의 발전 방향을 예측하는데 효과적으로 사용할 수 있다.

공학 문제에서 효과적으로 사용할 수 있는 자원들은 물질 자원, 공간 자원, 시간 자원, 장(에너지) 자원, 정보 자원 등으로서 이를 요약하면 다음 표와 같다.

표 9.4
공학 문제에서 자주 사용하는 자원

자원	자원 설명	자원의 예시
물질 자원	• 시스템과 그 주변 환경을 구성하고 있는 모든 물질을 포함한다. – 쓰레기, 원료와 제품, 시스템 요소, 값싼 물질, 물질 흐름, 물질 특성 등	• 공해 방지 목적으로 오염물질(폐기물) 사용하기 • 오염 방지 목적으로 제품(시스템 요소) 사용하기 등
공간 자원	• 시스템 또는 그 주변에 있는 가용 공간 및 환경이다. – 빈 공간, 다른 차원, 수직 배열, 겹치기 등을 이용할 수 있다.	• 물질 내부의 빈 공간을 이용하기

시간 자원	• 작업을 시작하기 전, 작업 종료 후, 그리고 작업 사이에 있는, 부분적으로 또는 전혀 사용되지 않는 시간 간격을 포함한다. • 대상물의 배치 변경, 휴식 시간 활용, 동시 작업 사용, 유휴 동작 제거 등의 활동을 통해서 시간 자원을 찾아낼 수 있다. – 사전 작업, 스케쥴링, 병렬 작업, 사후 작업 등	• 양 방향으로 움직이면서 작업할 수 있도록 대상물에게 조정할 수 있는 방향성을 제공하기
장 (에너지) 자원	• 시스템 또는 그 주변에 존재하는 사용 가능한 모든 종류의 장(에너지)이다. – 시스템 내의 에너지, 환경에서 오는 에너지, 시스템 에너지가 되는 쓰레기	• 전리층과 지표면 간의 전위차를 저고도 비행기 통제에 이용
정보 자원	• 물질이 보내주는 정보 – 고유 성질, 움직이는 정보, 일시적 정보, 상태 정보의 변화 등	• 정확한 길이를 아는 대상을 측정 도구로 사용하기

시스템 내부에 또는 시스템 주변에 존재하지만 눈에는 잘 띄지 않는 유휴의 가용한 물질, 에너지 원(열, 전기, 자기, 운동 등), 특성 등의 자원을 사용하면 시스템의 이상성을 높이거나 문제 해결에 대단히 도움이 된다. 시스템의 이상성을 향상시키는데 큰 도움이 될 수 있는 자원을 간략히 설명하면 다음 표와 같다.

표 9.5
문제 내부나 주변에 있는 자원의 종류

자원	자원 설명	자원의 예시
시스템 내부 자원	시스템 내의 도구 자원 또는 대상 자원을 활용	• [소방 작업] 불을 효율적으로 끄기 위해서 물을 뿌리는 도구의 발전: 양동이로 물을 뿌림→ 호스로 물을 뿌림 →특수 개조한 호스로 물방울을 분사함 → 분무 안개를 사용해서 소화 • [운송] 포장 꾸러미들을 한데 묶어 이송하면 운송 효율이 향상됨
환경 자원	문제 조건으로 주어지는 주위 환경의 자원을 활용	• [주위 환경 자원] 지구 중력장, 자기장, 태양 에너지, 천연자원 혹은 물과 같이 주위에 보편적으로 주어지는 자원 • [작업장] 사람, 공기, 전기, 조명, 데이터베이스, 정보망, 뜨거운 물, 찬 물 등
상위 시스템 자원	상위 시스템 내의 부산물 또는 외부 자원을 활용	• [부산물] 필요하다고 생각되지 않았던 대상을 활용 • [저렴한 외부 자원] 비용이 무시될 정도의 저렴한 자원으로 공기, 바람 등이 해당됨

자원을 이용한 몇 가지 사례를 제시한다.

사례 1 시스템 내부의 잘 보이지 않는 자원

심해 잠수부는 수면으로 본의 아니게 떠오르지 않도록 하기 위하여 무거운 판을 몸에 묶어야 한다. 수중 작업용 회중전등을 설계할 때 전등의 배터리가 이 무거운 판 역할을 맡도록 하면 회중전등 설계가 용이해진다.

우주선에는 착륙 조절용 바닥짐(ballast)이 필요한데 일부 장비가 이 역할을 맡도록 배치함으로써 적재량을 증대시킬 수 있다.

사례 2 환경 자원

달 탐사선이 착륙할 때 충격으로 월면 차량의 조명용 전구가 파손된다. 전구가 작동되는 주위 환경을 검토하는 과정에서, 월면에는 산소가 거의 없기 때문에 지구에서와는 달리 전구에서 유리가 불필요한 것으로 드러났다. 단순히 전구 유리의 제거하여 파손 문제가 근원적으로 해결되기 때문에 이상성이 향상된다(월면의 진공 자원 활용).

사례 3 상위 시스템 자원

왕겨는 벼를 도정하는 과정에서 발생된다. 그런데 마땅한 쓰임새가 별로 없어 폐기물 취급을 받던 왕겨를 재료로 하여 왕겨숯, 목초액, 활성탄, 왕겨 용기, 합성 목재 등을 개발하는 친환경 활동이 증대되고 있다. 왕겨에서 새로운 항암물질이 발견되어 이를 이용한 항암치료제 개발 가능성이 기대된다.

실습활동 9.3:

고속도로에서 차선을 실수로 넘는 것을 방지하는 방안으로 차선에 해당되는 도로 바닥 부분에 특정한 돌기를 만들어 둔 곳이 있다. 차량의 바퀴가 차선을 넘는 순간에 소음을 발생시켜 운전자에게 경고를 준다. 이 장치는 어떤 자원을 활용한 것일까?

권장도서

곽영직(2009), 과학기술의 역사, 북스힐, 서울.

김병재 외(2005), 알기쉬운 트리즈(Kalevi Rantanen 외 1인 원저), 인터비젼, 서울.

김익철(2001), 발명특허의 정석, 현실과미래사, 서울.

김효준(2004), 생각의 창의성 TRIZ, 지혜, 서울.

김효준(2009)창의성의 또다른 이름 TRIZ, 인피니티북스, 서울.

박성균(2005), 그러자 갑자기 발명가가 나타났다(겐리흐 알트슐러 원저), 인터비젼, 서울.

박성균(2006), 이노베이션 알고리듬(겐리흐 알트슐러 원저), 인터비젼, 서울.

윤기섭 외 2인(2002), 그림으로 보는 40가지 원리(겐리흐 알트슐러 원저), 아이디어브레인, 서울.

전대호(2006), 과학과 기술로 본 세계사 강의 (제임스 E. 외 2인 원저), 모트브북, 서울.

Memo

CHAPTER 10

친환경 설계

개요

학습목표	환경의 중요성 인식, 친환경 설계의 의미와 조건 이해		
주제	**이론제시**	**실습활동**	**응용 및 토의**
환경의 중요성 인식과 친환경 설계의 조건	• 친환경공학의 원칙 • 환경영향의 유형 • 친환경설계의 조건	• 설계에서 안전성과 경제성의 합리적 배분 • 경제효과와 환경의 갈등 해소 • 친환경설계 사례 찾기	• 교내에서 환경개선이 필요한 곳을 찾고 개선 방안을 논의하기
과제	프로젝트활동 10.1		

10.1 친환경 공학(green engineering)

공학 활동은 인류가 공동체를 이루어 사회생활을 하면서 시작되었다. 공동생활에서 발생하는 여러 가지 불편과 위험을 해소하기 위하여 여럿이 협동하여 집을 짓고 길을 내고 다리를 놓고 우물을 파고 둑을 쌓고 성곽을 높이며 농기구와 수레를 만들고 옷감을 짜고 종이를 만들며 그릇을 만들고 창과 칼을 만들었는데, 이러한 활동이 공학 활동의 원초적 모습이라 할 수 있다. 이러한 공학 활동의 규모는 사회공동체의 규모가 씨족이나 부족단위에서 부족국가를 거쳐 왕국이나 제국으로 커짐에 따라 소규모 가내 수공업 수준에서 대규모 공장이나 국가단위 사업으로 확장되었다. 그러나 공학이라는 말이 사용되기 시작한 것은 근대에 유럽에서 획기적으로 발달된 과학기술의 도움으로 새로운 제품 개발과 생산기술에 혁신이 일어난 산업혁명 이후이다. 경험에 주로 의존하던 기술이 과학과 경제라는 강력한 추진력을 얻어 독립된 학문분야인 공학으로 발전하게 되었고, 공학의 발전을 토대로 19세기와 20세기 세계는 산업생산과 소비가 폭발적으로 증가한 산업화사회가 되었다. 산업혁명 이전의 기술자들은 수요자의 요구(needs)에 따라서 제품과 서비스를 제공하는 수동적 입장을 취하고 있었다면 산업화 시대에 와서는 새로운 기술과 높은 생산력으로 제품을 미리 개발 생산하여 고객의 소비를 유발하였다. 그러다보니 소비자의 욕구를 자극할 수 있도록 남보다 앞서서 기술을 개발해야하고 남보다 저가로 제품을 공급하기 위하여 대량생산을 해야 했다. 모든 것이 시간을 다투는 속도전이었고 경제논리가 최우선되었다. 이러한 대량생산 대량소비 사회구조는 자원 소비량을 급격히 증가시켰고 필연적으로 배기가스와 폐기물 배출량도 걷잡을 수 없이 증가시키는 결과를 가져왔다. 원료 확보와 시장 독점을 위해 전쟁을 불사했으며 약육강식의 냉혹한 이익추구와 치열한 경쟁으로 자연 생태계와 생활환경에 급격한 변화와 파괴가 진행되었다. 21세기에 인류가 당면한 가장 중요한 과제는 아마도 20세기 산업화 사회가 야기한 생태계 파괴와 각종 공해 발생 그리고 온실 가스 배출이 야기한 지구온난화에 따르는 기후변화로 받는 고통에서 벗어나 더 높은 삶의 질을 추구하는 것이라 할 수 있겠다. 산업화 시대의 공학 기술자들은 직무수행에서 능률과 경제성 추구에 지나치게 치중하여 인류의 복된 삶에 대한 이해와 고려 그리고 긴 안목으로 공공의 복지와 인류의 행복한 미래를 추구해야한다는 데까지 생각이 미치지 못하였다.

화석연료의 무분별한 남용에 따른 에너지 고갈, 물 부족, 삼림 훼손 등이 막다른 지경에 이르렀다는 보고는 이제 새로운 이야기가 아니다. 이제는 위기를 예고하기보다는 대책을 실천할 때이다. 따라서 21세기 공학의 사명은 이러한 위기를 피하거나 완화할 수 있는 해결책을 제시하는 기술혁신을 이루는 것이다. 이러한 시대적 요구로 대두된 것이 친환경공학(또는 녹색공학, green engineering)이다. 환경을 보존하고 유지하는 것을 공학활동의 바탕으로 하는 친환경공학은 오염발생과 위험을 최소화하면서 효율적이고 경제적인 공정과 제품을 설계, 생산, 사용하는 것이다. [표 10.1]에 미국 국립과학재단(National Science Foundation)이 제시한 친환경(녹색)공학의 원칙을 정리하였다.(주우석, 한영근, 이현호, 김현욱, 2009).

표 10.1
친환경(녹색)공학의 원칙
(NSF, 2003)

- 공정과 제품을 전체적으로 엔지니어링하고 시스템 분석을 사용하여 환경영향 평가 도구를 통합한다.
- 인간의 건강과 복지를 보호하면서 자연 생태계를 유지하고 개선시킨다.
- 모든 엔지니어링 활동에 생명주기 사고를 사용한다.
- 모든 재료와 에너지 입력과 출력을 가능한 안전하고 양호하도록 보장한다.
- 천연자원의 고갈을 최소화한다.
- 쓰레기 발생을 막도록 노력한다.
- 지역의 지리조건, 희망, 문화를 인식하고 있는 상태에서 공학기법을 개발하고 적용한다.
- 현재를 주도하는 기술을 넘어서는 공학기법을 창조한다. 환경유지성을 달성하기 위한 기술을 개선, 혁신, 발명한다.
- 지역사회와 제3자를 엔지니어링 개발에 능동적으로 참여시킨다.

이 원칙은 기존의 공학이 기술적인 측면과 경제적 측면에 치중했던 것과 달리, 사회적, 문화적인 목표와 공학문제에 대한 시스템을 기반으로 한 전략, 전체적인 이해, 접근법 등을 요구하고 있다.

10.2 친환경 설계 (green design)

공학설계는 우리가 이용하거나 사용하는 구조물, 시설, 장비, 기계, 도구, 그리고 공정이나 공법이 지니고 있는 불안전성이나 위험, 불편과 저효율, 비경제성 등을 해소 또는 저감하여 그것들의 안전성, 효율, 편의성과 경제성 그리고 생산성을 높이는 작업이다. 이 과정에서 설계자는 설계결과가 자연생태계와 인간생활 환경에 미칠 영향을 폭넓게 검토해야한다. 효율이나 경제성 개선 측면에 치중하여 설계하다보면 안전성 측면에서 소홀한 점이 생기거나 주변의 자연환경 또는 인간생활에 해로운 영향을 미치게 될 수 있다. 우리가 지향하는 복지사회는 다소비를 통한 물질적 풍요를 구가하는 그런 사회가 아니라 지구 환경을 영구히 보존하고 생명존중을 바탕으로 현재는 물론 미래까지 지속될 수 있는 삶의 질을 높임으로써 구현된다. 따라서 공학설계도 경제성, 편의성과 함께 안전성, 친환경성을 고려하여 수행되어야 한다.

친환경설계(green design 또는 eco-design)는 환경친화적설계(design for environment)와 같은 말로서 설계 대상물이 사용자의 안전과 건강 그리고 주위의 환경과 자연생태계에 해로운 영향을 주지 않으며 에너지 효율을 극대화함으로써 자원을 절약하는 설계를 일컫는다. 규모가 큰 토목건축 구조물, 공장, 발전소는 물론이고 모든 시설물, 가정에서 사용하는 전자제품, 가구, 주방용품, 사무용품, 자동차를 포함한 모든 기계류, 식품이나 의약품, 그리고 어린이들의 학용품과 장난감 등 모든 공산품 설계에서는 그것들의 환경안전성이야말로 설계자가 다른 무엇보다도 제일 신중하게 고려해야 할 설계조건이다.

10.3 설계자가 고려해야하는 환경영향

환경이란 어떤 객체를 둘러싸고 있는 모든 요소들의 총체라고 정의할 수 있으며 그 범위는 영향이 미치는 한계 안이 된다. 영향이란 주위 환경이 정상적인 상태에서 벗어나게 하는 효과를 말한다. 영향에는 직접적이고 즉각적인 영향과 간접적이고 장기적인 영향이 있다. 직접적이고 즉각적인 환경영향 요인으로는

- 제품의 구조적 결함에 의한 위험 : 누전 또는 감전, 폭발, 발화, 화염, 극고온, 극저온, 충격, 소음, 폭음, 착색 또는 변색, 섬광, 방사능, 전자파
- 제품의 내구성 부족
- 재료가 독물 또는 유해성분을 함유: 중금속, 독극물, 환경호르몬, 미생물, 알코올
- 소음, 진동, 섬광 등 발생

등이며 이런 요인으로 제품을 이용하거나 사용하는 사람에게 신체적인 위험이나 건강 악화 또는 정신적인 피해를 입을 수 있다. 간접적이고 장기적인 환경영향 요인으로는

- 지형, 지질, 기상 등 자연환경의 변화
- 동식물 생태환경의 변화
- 경관의 변화
- 사회적, 문화적, 정서적 유해 요소
- 지나친 에너지 소모: 생산 에너지, 운용 에너지, 폐기 에너지
- 유해물질 발생에 의한 오염과 중독: 수질 오염, 대기 오염, 실내공기 오염, 토양 오염, 해양 오염
- 사용 후 폐기물: 재활용 또는 재사용성, 자연분해특성, 유해물 발생

등이 있다. 이러한 영향요인을 일반적으로 "환경오염", "환경훼손", "환경파괴", "환경변화"로 표현한다. 공기, 물, 해양, 토양 등에 대한 영향을 "오염"이라고 하고 소음, 진동, 악취, 일조장애, 전파장애 등에 대해서는 "발생"이라고 하며 기상, 지형, 지질, 수리, 수문 등에 대해서는 "변화"라는 말을 사용한다. 동식물상이나 자연경관 등에 대한 영향을 "훼손" 또는 "파괴"라고 한다. 이러한 장기적이고 간접적인 환경영향은 예측하기 어려울 뿐만 아니라 대비책을 마련하기도 쉽지 않다. 따라서 최선의 방법은 에너지 소비를 최소화하여 자원을 절약하고 자연환경이나 사회환경을 최대한 보존할 수 있는 설계를 하는 것이다.

10.4 친환경 설계의 조건

친환경 설계가 갖추어야할 조건은 다음과 같다.

(1) 이 제품에는 인체나 주위환경에 해로운 재료가 사용되지 않았는가?
(2) 이 제품은 사용자에게 위험한 구조로 되어 있지 않은가?
(3) 이 제품은 사용 중에 주위의 생태계나 경관에 해로운 영향을 끼칠 요소가 없는가?
(4) 이 제품은 사용자의 정서에 해로울 수 있는 요소를 가지고 있지 않은가?
(5) 이 제품은 사용 중에 변질될 가능성이 없는가?
(6) 이 제품은 생산, 사용, 그리고 폐기에 지나치게 많은 에너지를 소모하지는 않는가?
(7) 이 제품의 생산과정에 환경에 유해하거나 위험한 공정이나 공법이 포함되지는 않았는가?
(8) 이 제품은 사용 후 환경에 유해한 폐기물이 되지는 않는가?
(9) 이 제품의 적절한 사용법에 대한 설명서가 이해하기 쉽게 작성되었는가?
(10) 이 제품 사용 후 적절한 폐기 방법에 대한 설명서가 이해하기 쉽게 작성되었는가?

설계자는 설계의 전 과정에 걸쳐 위의 사항들을 항상 검토해야하며 설계된 제품의 모형제작을 통하여 이를 확인해야하는데 이는 설계자가 지녀야 할 윤리적 책무이기도 하다. 제품을 구성하는 재료와 구조 그리고 작동이나 운용에서 발생할 수 있는 환경영향 요소에 대한 허용 기준은 분야별로 관련법규에 규정되어 있다.

건축토목 분야와 같이 대규모 시설이나 구조물을 설계하는 경우에는 그 시설이나 구조물이 자연조건과 도시구조에 영구한 변화를 가져오고 한 자리에 오랜 세월에 걸쳐 존재하게 되므로 공사과정이나 완성 후에 환경에 대한 영향이 매우 크다. 따라서 이 분야에서는 설계결과에 대하여 전문가로 구성된 심의평가기구에 의한 교통영향평가, 환경영향평가, 재해영향평가를 통하여 설계의 적합타당성을 검증받도록 하고 있다.

실습활동 10.1

다음에 제시되는 주제에 대하여 조별로 토의하고 그 결과를 정리하여 발표한다.

1. 설계 과정에서 경제성과 안전성(환경 안전성을 포함)은 필수적인 고려사항이다. 설계자로서 경제성과 안전성의 적절한 비중은 어떻게 결정해야할까?
2. 서해안의 가로림만은 조석간만의 차가 매우 커서 이곳에 조력발전소를 건설하면 풍부한 청정 에너지를 생산할 수 있어 온실 가스 배출량을 줄이는데 큰 도움이 된다. 하지만 발전소 건설을 위하여 만 입구를 방조제로 막으면 바닷물의 흐름이 바뀌어 갯벌의 자연생태계가 훼손되고 해산물 생산이 감소될 것이라며 어민들은 발전소 건설을 반대하고 있다. 이와 같이 어떠한 사업이 환경에 긍정적 측면과 부정적 측면을 같이 가지고 있을 때에는 어떤 기준으로 사업 추진 여부를 판단해야 할까?
3. 환경친화적설계에 따라 제작된 구조물이나 제품의 예를 1인당 10개 이상씩 찾아내고 그 설계에 담긴 친환경 설계 개념을 밝혀보시오.

프로젝트활동 10.1

10.4절에서 제시한 설계조건에 따라서 프로젝트 수행과정에서 발생하는 환경문제와 그 해결책을 제시하라.

참고문헌

1. 주우석 외 3인, 2009. '2020 엔지니어 미래 공학인에 대한 비전, (주)시그마프레스, 2009, 서울
2. National Science Foundation, 2003. Conference report on Green Engineering; Defining Principles, San Destin, Fl. May 18-22, Available on line at: http://enviro.utoledo.edu/Green/SanDestin%20summary.pdf

Memo

CHAPTER 11

공학윤리

개요

학습목표	엔지니어의 필수 덕목과 윤리강령 이해, 공대생의 윤리 실천		
주제	**이론제시**	**실습활동**	**응용 및 토의**
공학윤리와 엔지니어의 필수 덕목	• 공학윤리의 의미와 필요성 • 엔지니어의 필수 덕목		
엔지니어 윤리강령	• NSPE 윤리강령	• NSPE 윤리 강령 시험	
공대생의 윤리강령	• 공과대학 학생 윤리강령	• NSPE 윤리 강령 시험	• 우리학과의 학생 윤리강령을 만들어 보기
과제	자신의 윤리의식에 대한 반성문 쓰기		

11.1 공학윤리란 무엇인가?

우리 사회에는 수없이 많은 종류의 직업이 있다. 사람들은 직업에 종사함으로써 자신과 가족의 생활에 필요한 경제적 대가를 추구하는 한편 자신의 생활철학을 실천하고 사회 구성원의 일원으로서 사회발전에 기여하고자 한다. 직업인으로서 수행하는 일을 직무라 한다. 모든 직무에는 직무 수행자의 사적인 이익과 가치를 추구하는 측면과 함께 사회 전반에 미치는 공적 기능이 있다. 직업인이 직무의 사적 가치 추구에 전념하는 것은 당연한 일이지만 자기 직무의 공적 기능에 대한 자각과 가치 부여에 소홀히 한다면 그를 건전한 직업인이라고 할 수 없다. 직무의 공적 기능을 자각하고 직무를 공정하게, 정직하게, 열성적으로, 최선을 다하여 수행함으로써 자신의 직무 수행이 인류복지 증진과 사회발전 그리고 생태환경 보존에 긍정적 효과를 나타내도록 하는 마음가짐을 직업윤리라 한다.

여기서 도덕과 윤리의 개념 차이를 이해할 필요가 있다. 도덕은 개인의 양심에 비추어 인간으로서 지켜야할 당연한 도리로, 사회문화적으로 동시대인이 공감하는 보편적 행위 규범으로 형성되며 윤리는 사회의 구성원으로서 사회의 문화질서와 타인의 권리와 복지를 침해하지 않도록 하는 사회적 관습과 행위 규범이라 할 수 있다.

직업 중에는 사회에 대한 공적 기능이 매우 큰 것들이 있다. 정치인, 법조인, 공무원, 군인, 경찰, 의사 등과 함께 엔지니어도 그가 수행하는 직무가 가지는 사회적 기능과 기여도가 매우 큰 직업군에 속한다. 이러한 직업을 가진 사람에게는 특별한 직업윤리가 요구된다. 우리가 잘 알고 있듯이 의사들은 “히포크라테스 선서”라는 통과의례를 거친 후에 의사의 직무를 시작하고 모든 공직자는 취임 전에 공개석상에서 선서를 하도록 되어 있다. 의사가 환자 치료에 최선을 다하지 않는다면 환자의 생명에 위험을 초래할 수 있듯이, 엔지니어가 충분한 능력과 윤리의식을 갖추지 않고 설계했을 경우에 발생할 수 있는 사회적 폐해도 상상할 수 없을 만큼 극심하다. 마치 전투에 참여한 군인이 자신의 소임을 다하지 않아 국가 안보에 큰 위험을 초래하는 사례와 유사하다고 할 수 있다.

공학윤리에 관한 최고의 역사 기록은 기원전 18세기 바빌론의 왕 함무라비가 제정한 건축법일 것이다. 이 법전에는 건축업자의 업무와 관련한 민형사상 책임이 규정되어 있다.

> 건축자가 집을 튼튼하게 짓지 않아서
> 집이 무너지고 집 주인을 죽게 했다면 건축자는 사형에 처한다.
> 집 주인의 아들을 죽게 했으면 건축자의 아들을 죽인다.
> 집 주인의 노예를 죽게 했으면 건축자의 노예를 집 주인에게 준다.
> 집이 무너져 주인의 재물을 망가뜨렸으면 그 만큼을 다른 물건으로 배상한다.
> 무너진 집은 건축자가 다시 지어 주어야하고,
> 헐은 벽은 자비로 보수해주어야 한다.

문명의 발달과 함께 엔지니어의 직무 범위가 인류생활 전반에 걸쳐 매우 광범위하게 확대되었고 엔지니어의 사회적 책임도 점점 무거워졌다. 현대 사회에서 엔지니어의 직업적 책임감과 윤리의식의 중요성은 기업의 윤리경영과 함께 사회 안전과 경제발전에 필수적인 요소이다. 따라서 공학 분야의 전문 학회나 협회들은 그들 나름의 윤리강령을 제정하여 자율적으로 소속 회원들이 엔지니어의 사회적 책임을 완수하도록 노력하고 있다.

11.2 공학교육인증에서 요구하는 공학윤리

현대 사회에서 엔지니어의 사회적 공적 기능의 중요성이 증대되면서 세계 여러 나라의 공학교육인증 기준에 엔지니어 윤리 교육이 필수 조건으로 요구되고 있다. 미국의 공학교육인증위원회(ABET; Accreditation Board for Engineering and Technology)에서 제시한 학생의 학습성과(student outcomes) 11가지 중에 "직업적, 도덕적 책임에 대한 이해"가 포함되어 있고 이 기준은 구미 여러 나라는 물론 우리나라의 공학교육인증원(ABEEK; Accreditation Board for Engineering Education of Korea)에서도 필수 학습성과(student outcomes) 12개 중의 하나로 '**직업적 책임과 윤리적 책임에 대한 인식**' 을 요구하고 있다. ([표 1.1]을 참조) 이렇듯 이제 적절한 공학윤리 교육을 시행하지 않는 공학교육은 세계적으로 올바른 대학수준의 공학교육으로 인정받지 못하게 되었다. 따라서 공과대학 교과과정에는 엔지니어의 직업적, 도덕적 책임 인식과 실천 교육이 필수적으로 포함되어야 한다.

11.3 전문인으로서 엔지니어가 갖추어야할 조건

엔지니어는 회계사, 건축가, 예술가, 변호사, 성직자, 대학교수, 의사, 언론인, 과학자, 사회사업가, 교사 등과 함께 전문직에 속한다. 그린우드(Ernest Greenwood)는 이러한 전문직의 특성과 구비 조건들로 다음과 같은 다섯 가지를 제시하였다.

11.3.1 체계적 이론(body of theory)

전문직 종사자는 자신의 업무와 관련된 분야에 대한 전문 교육을 통하여 체계적 이론을 습득하고, 지속적인 자기개발 노력(CPD: continuous professional development)으로 최고 수준의 이론 체계와 지식으로 사회발전과 변화하는 상황에 대처할 수 있어야 한다.

11.3.2 전문적 권위(authority)

비전문직종에서는 서비스나 상품을 구매하는 사람이 고객(consumer)이라면 전문직종의 서비스를 받는 대상은 의뢰인(client)이다. 고객은 상품이나 제공 받는 서비스의 질을 평가 판단하고 자신이 가격이나 구매여부에 대한 재량권을 행사하는 반면, 전문직이 제공하는 서비스는 그 분야의 전문지식 없이는 그 질과 가치를 평가 판단하기 어려우므로 의뢰인은 자기의 판단 권한을 전문가에게 맡기고 전문가는 의뢰인으로부터 위임받은 재량권을 행사하는 전문적 권위를 행사하게 된다. 때문에 전문가는 높은 수준의 직업적 책임감과 윤리의식으로 성실성과 자제력을 발휘하여 자신의 이익이 아니라 자신을 믿고 재량권을 의탁한 의뢰인의 이익을 우선적으로 추구하는 자세로 지식과 능력을 행사해야 한다.

11.3.3 사회가 공인하는 자격과 독점적 업무 수행(licensing, monopoly)

전문가가 수행하는 업무의 사회적 파급 효과가 매우 크며 의뢰인은 자신의 이익을 전문가를 믿고 맡기기 때문에 이러한 업무를 수행하는 사람의 지식과 능력에 대한 엄격한 자격제한이 필요하다. 또한 이러한 자격 기준 요구와 함께 그 자격을 갖춘 전문인 집단에게 독점적 업무 수행권이 제공된다. 엔지니어는 대학 수준의 공학교육을 수료하고 국가가 관장하는 자격기준을 갖추어 국가로부터 자격과 면허를 발급받는다. 한편으로 국가는 자격과 면허가 없는 사람들로부터 엔지니어가 업무 수행의 독점권을 갖도록 보장해주고 있다.

이러한 독점권 보장은 전문직 종사자가 안심하고 의뢰인들에게 높은 수준의 서비스를 제공할 수 있도록 하기 위한 사회적 계약이다. 따라서 전문인에게는 이러한 특권과 믿음에 상응하는 사회적 책임감과 직업적 사명감이 요구된다.

11.3.4 윤리 강령(code of ethics)

전문인은 자신의 전문분야에서 의뢰인이 지니지 못한 지식과 능력을 가지고 있다. 또한 의뢰인은 서비스를 받기 위하여 전문인에게 자신의 비밀과 개인 정보를 제공하게 되므로 전문인은 의뢰인보다 우월적 지위에 놓이게 된다. 전문인이 업무 수행에서 높은 수준의 윤리의식을 갖추고 있지 않다면 의뢰인의 이익은 보호되지 못하며 사회적으로 큰 해악을 끼칠 수 있게 된다. 이러한 해악이 발생할 경우에는 그 전문가 집단은 사회로부터 신뢰를 상실하고 권위와 업무 독점권을 부여받기 어려워지므로 전문가 집단은 자신들의 업무 수행에 관련한 윤리적 기준을 강령으로 제정하여 자신들의 업무 추진 규범으로 삼게 된다.

윤리 강령은 법률이 정하기 어려운 도덕적 규범을 규정하게 되며 이를 어겼을 경우 법적 제재를 받지는 않더라도 동업자 사회에서 상호 평가와 조회에 의해 비공식적인 도덕적 강제력의 압력을 받게 되고, 구성원이 자신의 행위에 대한 윤리적 성찰을 할 기회를 제공하게 된다

11.3.5 전문가 문화(professional culture)

전문가는 체계적 이론, 지식, 능력을 갖추는 외에 그 전문직 문화에 정통해야 한다. 전문직이 수행하는 서비스는 전문 이론과 지식만으로는 성공적으로 이루어질 수 없으며 그에 수반하는 여러 가치와 규범, 문화와 역사, 사회적 파급 효과 등에 대한 폭넓은 소양을 함께 지녀야 한다. 엔지니어는 공과대학의 교육과정과 학회 및 협회 활동 그리고 동업자 간의 협동작업을 통하여 자연스럽게 엔지니어의 보편적 가치관과 생활 규범과 같은 엔지니어 문화를 습득하게 된다. 따라서 전문인은 이론과 능력 배양뿐만 아니라 전문 분야의 여러 활동을 통하여 전문가 사회의 일원으로서 폭넓은 자질을 갖추어야 한다.

11.4 엔지니어의 덕목(德目)

11.4.1 진실성(眞實性), 정직성(正直性), 성실성(誠實性)

엔지니어의 직무는 규모가 크거나 작거나 간에 다중이 사용하거나 이용하는 시설이나 도구, 그리고 생활용품을 제작 또는 생산하며 그 작업도 개인적 차원이 아니라 대부분 조직과 팀을 이루어 수행한다. 이러한 엔지니어의 업무 특성에 비추어 볼 때 엔지니어의 업무 수행에는 공익추구와 협동성이 매우 긴요하다. 이러한 덕목은 인간에 대한 신뢰와 배려, 책임감과 사명감을 바탕으로 형성되므로 진실성, 정직성, 성실성은 엔지니어의 필수적인 덕목이 된다.

11.4.2 생명(生命)과 복지(福祉) 존중(尊重)

엔지니어의 사명은 인류의 복지증진에 기여하는 것이다. 인류의 삶의 질이 향상되려면 삶의 환경을 이루는 생태계가 잘 보존되어야 한다. 또 현세뿐만 아니라 후세를 위하여 환경과 생태계는 영원히 지속되어야 하므로 엔지니어는 자연자원을 낭비하여 고갈되지 않도록 자원을 관리해야하며 인간은 물론, 지구에 존재하는 모든 생명과 그들의 삶의 터전을 최대한 존중하고 보살펴 주어야 한다. 단기적인 이익이나 이기적인 판단으로 환경과 생태계에 돌이킬 수 없는 폐해를 끼친다면 이는 그 어디에도 용서를 빌 수 없는 죄과를 저지르는 일이 될 것이다. 생명과 복지 존중은 엔지니어에게 부여된 최상의 사명이며, 따라서 엔지니어는 자신의 업무수행의 첫 지침이 생태보전과 환경보호, 위험과 불편해소를 통한 인류의 복지 증진임을 늘 인식하고 있어야 한다.

11.4.3 공정성(公正性)

엔지니어는 전문지식과 능력을 갖춘 전문인으로서 자신의 지식과 능력을 통하여 인류의 복지 증진에 기여한다. 엔지니어의 업무 수행 결과는 공공성이 강하고 사회 파급효과가 매우 크기 때문에 엔지니어의 업무 수행은 지식과 능력을 통한 공정한 경쟁과 합리적 의사결정 과정을 통하여 이루어져야하며 권력, 금력, 개인적 인간관계 등의 요소를 포함시켜 불공정하게 이루어져서는 안 된다. 또한 엔지니어는 자신의 능력과 지식이 소중한 만큼 타인의 지식과 능력을 존중해야하며 불공정한 방법으로 타인의 지적 재산권을 침해해서는 안 된다.

11.4.4 공개성(公開性)

엔지니어의 업무 수행에 이용되는 정보는 공유되어야 한다. 또한 엔지니어의 연구 결과나 수행한 업무의 내용은 공공의 이익을 위하여 공개되어야 한다. 다만 독창적인 기술 개발 내용은 일정 기간 동안 독점적 소유와 사용권이 특허로 보장되어 기술 개발을 촉진하도록 하고 있으나, 소정의 기간이 지나면 그 내용을 공개하도록 하여 무한정한 독점권을 제한하고 있다.

11.4.5 능력(能力)

엔지니어는 전문 지식과 능력을 바탕으로 업무를 수행한다. 또한 엔지니어의 업무는 공공성과 사회파급 효과가 매우 크다. 따라서 엔지니어가 전문분야의 능력을 충실히 갖추고 있지 못하다면 그가 수행한 부실한 업무 수행은 사회적으로 큰 폐해를 가져올 수 있다. 이는 마치 돌팔이 의사가 환자를 병들게 하는 것에 비유될 것이다. 돌팔이 의사에게 피해를 본 환자는 피해를 준 의사를 알 수가 있으나 엔지니어의 부실한 능력이 끼친 사회적 폐해는 가해자의 존재를 알 수도 없이 수많은 사람들이 무고하게 피해를 보게끔 만든다. 따라서 엔지니어는 자신의 전문분야에 대하여 항상 최신의 정보와 최상급의 능력을 갖추도록 자기개발에 최선을 다해야 하고 자신의 능력 범위 밖의 일에 대해서는 업무에 참여해서는 안 된다.

11.5 엔지니어 윤리 강령의 예

엔지니어 윤리 강령은 전문 학회나 협회 단위로 제정되어 공표되고 회원 모두가 이를 준수할 것을 서약한다. 법적인 처벌 대상은 아니더라도 윤리 강령에 어긋난 행위에 대해서는 해당 직무분야에서 그에 합당한 규제나 불이익을 받을 수 있다. 무엇보다도 중요한 것은 그에 위반된 행위를 하였을 경우, 해당 분야에서 동료로서 인정받지 못하는 불명예와 함께 더 이상의 직무 수행이 어려워질 수 있기 때문에 그 구속력은 매우 크다고 할 수 있다. 여기서는 엔지니어 강령의 대표적인 사례로서 미국 기술사협회(National Society of Professional Engineers; NSPE)의 엔지니어 윤리 강령(Code of Ethics for Engineers)을 [표11.1]에 제시하였다. 이 윤리 강령은 전문과 6개항의 기본 규범, 그리고 각 기본 규범에 대한 실천세칙 그리고 9개항의 전문인의 책무로 구성되어 있다. 여기서는 전문과 기본 규범을 제시하고 나머지에 대한 번역문은 부록에 수록하였다.

표 11.1
미국기술사회의 엔지니어 윤리 강령(http://www.nspe.org)

엔지니어 윤리 강령(Code of Ethics for Engineers)

전문(Preamble)

공학은 학식이 필요한 중요 전문직(profession)이다. 전문인으로서 엔지니어는 높은 수준의 정직성(honesty)과 성실성(integrity)을 지녀야 한다. 공학은 인류의 삶의 질에 직접적으로 심각한 영향을 미친다. 따라서 엔지니어의 직무는 정직(honesty), 공명(impartiality), 공정(fairness)과 공평(equity)을 바탕으로 공공의 건강, 안전, 그리고 복지를 보호하는데 헌신하는 것이다. 엔지니어의 품행은 전문직에 합당한 높은 수준의 윤리적 기준에 맞아야 한다.

기본 규범(Fundamental Canons)

엔지니어는 그 전문직 직무를 수행할 때에,

1. 공공의 안전, 건강, 그리고 복지를 최우선으로 한다.
2. 자신의 전문분야의 직무만 수행한다.
3. 공개적인 발표는 객관적이고 진실하게 한다.
4. 모든 고용인 또는 의뢰인을 위한 충실한 대리인 또는 수탁자로 활동한다.
5. 거짓된 행동을 하지 않는다.
6. 명예롭게, 책임감 있게, 윤리적으로, 그리고 합법적으로 처신함으로써 해당직무분야의 명예와 평판과 유용성을 고양시킨다.

11.6 공과대학 학생 윤리 강령

공과대학 학생은 미래의 엔지니어이다. 장차 윤리의식이 투철한 엔지니어가 되려면 교육과정에서 윤리의식을 갖추는 훈련이 필요하다. 학생은 당연히 학칙을 준수할 의무가 있다. 그러나 학칙만으로는 학생이 지녀야할 예비 엔지니어로서의 윤리의식을 규정하기에 부족하므로 공과대학 또는 각 학과에서 학생이 지켜야할 행위 규범을 학생 윤리 강령으로 제정하여 엔지니어로서의 건전한 가치관과 윤리적 생활태도를 재학 중에 습득하도록 하고 있다. 아래에 학생 윤리 강령의 한 사례를 제시하였다.

11.6.1 학생 윤리 강령

우리 ○○○공학과 학생 모두는 엔지니어의 사회적 소명과 책임을 인식하고 미래의 엔지니어로서 긍지와 자부심을 가지고 다음과 같이 다짐한다.

- 나는 학칙과 학과의 내규를 엄격히 준수한다.
- 나는 모든 강의와 교육활동에 불가피한 경우가 아니면 반드시 참여한다.
- 나는 대학 생활을 통하여 엔지니어로서 갖추어야할 지식과 능력을 배양하기 위하여 최선의 노력을 경주하며 게으름을 배격하고 항상 정진한다.
- 나는 항상 정해진 시간을 엄수한다.
- 나는 시험이나 보고서 작성에서 규정을 준수하고 양심에 따라 부정직한 행위를 하지 않는다.
- 나는 학생으로서 품위와 예의를 갖추어 행동한다.
- 나는 타인에게 피해를 주는 행위를 절대로 하지 않으며 공공시설과 주위환경을 훼손하지 않는다.
- 나는 선후배 및 동료와 우애를 돈독히 하며 공동의 발전을 위하여 항상 협동한다.
- 나는 나의 행동에 대하여 전적으로 책임을 진다.
- 나는 졸업 후에도 ○○○공학과 졸업생으로서 명예와 긍지를 지니고 모교와 동문에게 누가 되는 행동을 절대로 하지 않는다.

11.6.2 시험 윤리 강령

- 나는 대리시험을 청탁하거나 청탁받지 아니한다.
- 나는 시험 중에 허용되지 않은 자료나 도구를 절대로 보거나 이용하지 않는다.
- 나는 타인의 답안지를 보거나 나의 답안지를 타인에게 보여주지 않는다.
- 나는 시험에 방해되는 행위를 하지 않는다.

- 나는 시험 시간을 엄수한다.
- 나는 시험 중에 감독자의 지시에 따른다.

11.6.3 보고서와 논문 작성 윤리 강령

- 나는 전적으로 나의 노력으로 보고서와 논문을 작성하며 타인에게 의뢰하지 않는다.
- 나는 보고서와 논문 작성에서 인터넷 게재문, 서적, 타인의 글 등을 무단으로 전재하지 않는다.
- 나는 인용한 내용의 원전 출처를 규정에 따라 보고서와 논문에 반드시 밝힌다.
- 나는 타인이 나의 보고서와 논문 내용을 베끼거나 복사하도록 하지 않는다.
- 나는 정해진 서식에 따라 보고서와 논문을 작성한다.
- 나는 보고서와 논문 제출 기한을 엄수한다.

11.6.4 정보통신 윤리 강령

- 나는 자신은 물론 타인의 인권과 사적 정보를 보호하고 존중한다.
- 나는 타인의 ID나 가명을 사용하지 않는다.
- 나는 항상 바르고 품위 있는 언어를 사용한다.
- 나는 불건전한 정보와 바이러스 등을 제공, 유포, 전달하지 않는다.
- 나는 불법행위와 타인에게 피해를 주는 행위를 일절 하지 않고 나의 행동에 책임을 진다.
- 나는 타인의 지적 재산권을 침해하지 않는다.
- 나는 사이버 공간의 건전한 네티즌 문화 조성에 적극 참여하며 자율적 감시와 비판 활동에 적극 참여한다.

실습활동 11.1

다음은 NSPE 윤리 강령에 관련된 질문(NSPE Code of Ethics Examination)이다. 각 질문의 내용이 사실인지 거짓인지 조별로 토의하여 답을 정한 후 부록에 수록된 정답을 참조하여 정답과 다른 답을 택한 경우에는 다시 한 번 토의를 하여 잘못 이해하고 있었던 부분을 완전히 이해하라.

1. 엔지니어는 전문가로서 직무를 수행할 때 공공의 안전, 건강, 복지를 신중히 고려해야 한다.

T:(　　) **F:**(　　)

2. 엔지니어는 그들의 고용주나 의뢰인에게 보고한 후에는 그들의 권한이나 능력 밖의 업무를 수행할 수 있다.

T:(　　) **F:**(　　)

3. 엔지니어는 그들의 고용주, 의뢰인 그리고 공공의 이익에 반하지 않은 경우 그들의 발표자료에 주관적이고 단편적인 의견을 발표할 수 있다.

T:(　　) **F:**(　　)

4. 엔지니어는 성실한 대리인 또는 수탁자로서 고용주나 의뢰인을 대신할 수 있다.

T:(　　) **F:**(　　)

5. 공공의 건강, 안전, 복지를 위할 경우에는 엔지니어가 정직한 행동을 하지 않을 수도있다.

T:(　　) **F:**(　　)

6. 법령이나 규정을 따르는 것이 그들의 고용주나 의뢰인의 이익에 손상을 가할 경우 엔지니어의 규정 준수는 불필요할 수 있다.

T:(　　) **F:**(　　)

7. 만일 엔지니어가 내리게 되는 판단이 자신의 삶 또는 자산을 위태롭게 할 상황에 있다면, 그들은 고용주 또는 의뢰인 등 이에 관한 권한을 가진 자에게 통보해야 한다.

T:(　　) **F:**(　　)

8. 엔지니어는 허용 기준과 일치하는 엔지니어링 서류에 대해 재검토를 실시해도 되지만 승인해서는 안 된다.

T:(　　) **F:**(　　)

9. 엔지니어들은 법 또는 윤리강령에서 요구하거나 정당하다고 인정될 때를 제외하고는 고객 또는 의뢰인의 사전동의 없이 자기의 직무수행과 관련하여 취득한 사실, 데이터 또는 정보를 공개해서는 안 된다.

T:(　　) **F:**(　　)

10. 엔지니어는 기업 또는 그 기업의 활동이 중앙이나 지방 정부의 법규에 합당한 경우를 제외하고, 남을 속이거나 부정직하게 사업 혹은 전문 직무를 하는 것으로 보이는 회사 또는 개인과 함께 업무를 제휴해서는 안 되며 또한 타인이 자신의 이름 혹은 회사의 이름을 사용하도록 허용해서는 안 된다.

T:(　　) **F:**(　　)

11. 엔지니어는 다른 엔지니어가 윤리 강령을 위반한 사실을 알았을 때, 그 위반이 30일후까지 정정되지 않았을 경우 전문법인 단체에 즉시 보고해야만 하며 또한 보고할 때 필요할지도 모르는 지원 또는 정보 제공에 관계 당국 또는 공공 당국에 협력해야만 한다.

T:(　　) **F:**(　　)

12. 엔지니어는 특정 기술 분야의 경험 또는 교육으로 자격을 부여받았을 경우에만 임무를 수탁해야 한다.

T:(　　) **F:**(　　)

13. 원칙적으로 엔지니어는 자신의 능력 밖의 직무에 관한 계획 또는 문서에 서명을 해서는 안 된다. 그러나 자신이 관장하지는 않았다 하더라도 능력 있는 다른 엔지니어의 감독과 통제를 통해서 이루어진 계획이나 서류에는 서명해도 된다.

T:(　　) **F:**(　　)

14. 엔지니어는 계획이나 서류들에 대해 기술적 요소를 가지는 경우에 한해 임무를 수탁할 수 있고 전체 프로젝트의 조정에 책임을 질 수 있을 뿐이다. 또한 앞의 경

우에 한해서만 전체 프로젝트를 위하여 공학 서류에 서명해야만 한다.

T:( ) **F:**( )

15. 엔지니어는 의뢰인 또는 고용주의 최상의 이익을 고려하여 전문적 보고, 발표 또는 증언에서 진실과 객관성을 추구해야만 한다. 또한 엔지니어의 보고는 의뢰인에게 고용된 시점을 기입한 보고서, 발표 또는 증언에 적절하고 타당하다고 판단되는 정보를 포함해야만 한다.

T:( ) **F:**( )

16. 엔지니어는 어떤 사안에 대해 자신이 가지고 있는 사실과 능력에 기반을 두었을 경우에 한하여 공개적으로 자신의 기술적 견해를 발표할 수 있다.

T:( ) **F:**( )

17. 엔지니어는 이해 당사자가 명시적으로 사전에 말했거나 엔지니어의 이해와 관계가 있는 경우 외에는 이해 당사자로부터 의뢰받아 보수를 받은 업무에 관해 발표, 비판 또는 논쟁을 해서는 안 된다.

T:( ) **F:**( )

18. 엔지니어는 어떤 문제가 그들의 서비스의 질 또는 판단에 영향을 끼치거나 영향을 줄 수 있다는 판단이 들면, 논쟁의 여지가 있는 그 문제에 참가하지 않을 수 있다.

T:( ) **F:**( )

19. 엔지니어는 모든 이해 당사자의 합의가 있는 경우 외에는, 당해 프로젝트의 해당 업무 또는 직접 관계있는 업무에 관해 하나 이상의 단체로부터 금전적인 보상 혹은 다른 형태의 보수를 받아서는 안 된다.

T:( ) **F:**( )

20. 엔지니어는 그들이 책임을 지고 있는 업무와 관련하여 배상이 충분한 경우에 한하여 다른 계약당사자로부터 직간접적으로 금전적 또는 기타 가치가 있는 대가를 받아도 되지만 요청해서는 안 된다.

T:( ) **F:**( )

21. 정부기관, 정부투자기관 또는 정부 부서의 피고용인, 자문인, 소속원으로서 공무를 수행중인 엔지니어는 자신들이나 자신이 소속된 기관이 추천하거나 수행하는 업무에 관한 결정에 전문적인 능력이 필요한 기술적인 공학 문제들이 포함되어 있다면 그 결정에 참여해도 된다.

T:(　　) **F:**(　　)

22. 엔지니어는 그가 속한 기관의 대표나 임원이 정부기관의 일원인 경우 정부 단체와의 계약을 요청하거나 받아들여서는 안 된다.

T:(　　) **F:**(　　)

23. 엔지니어는 동료의 자격을 도용하거나 자격을 고의로 위조해서는 안 되지만, 예전 고용주 밑에서 수행했던 업무에 대해서는 신용평가를 받아도 되며, 취직을 위한 이력서 및 팜플렛에 예전에 다니던 회사에 고용된 시점과 수행했던 업무를 특별하게 나타낼 수 있다.

T:(　　) **F:**(　　)

24. 엔지니어는 기부금(정치적 헌금)이 중앙 및 지방의 선거자금에 관한 법률과 규칙에 합당한 경우를 제외하고는 공공 당국과의 계약 낙찰에 영향을 미치려는 의도 또는 효과로 공공 당국에게 어떠한 기부금(정치적 헌금)을 받거나 제공해서는 안 된다.

T:(　　) **F:**(　　)

25. 엔지니어는 의뢰인과 고용주와의 상담을 통해 그들 자신의 잘못을 인정해야만 한다.

T:(　　) **F:**(　　)

참고문헌

이태식, 위성륜(2001), 엔지니어의 윤리학, (사)미래건설연구소, 2001, 서울

ABET(Accreditation Board for Engineering and Tevhnology), http://www.abet.org

ABEEK(한국공학교육인증원), http://www.abeeek.or.kr

National Society of Professional Engineers, http://www.nspe.org

Memo

부록

개요

A.0 프로젝트에 관한 서식

개요

A.0.1 팀구성을 위한 사고성향 조사서

팀을 다양한 사고성향을 갖고 있는 팀원으로 구성하기 위하여 팀 구성 전에 사용하는 서식이다.

A.0.2 동료 공헌도 평가표

팀원의 공헌도를 조사하고 피드백하여 팀웍 향상을 도모하고 최종 성적에 반영하기 위한 서식이다.

A.0.3 프로젝트 과제

1. 계란 낙하
2. 종이 다리
3. 우리대학교 발전 방안
4. 벤처기업 사업계획서 작성/발표

A.0.4 프로젝트 발표 평가서

1. 범용 프로젝트 발표 평가서
2. 계란 낙하 실험 평가서
3. 벤처 사업계획서 평가서

A.0.5 팀웍 기술 관찰 서식

팀웍 기술을 관찰하기 위한 서식이다. case 1을 이용하여 A팀이 둥글게 모여 회의를 진행하면 B팀은 A팀의 뒤에서 각자 담당 학생의 팀웍기술을 관찰하여 평가한다. 20분 동안 회의한 후 10분간 발표하고 평가지를 담당학생에게 제시하여 문제점들을 지적한다. A팀의 활동이 끝나면 case2를 B팀이 수행하고 A팀 학생들을 동일한 요령으로 관찰한다. 평가된 점수는 해당학생이 보관하며 자신의 팀웍 기술의 문제점을 인식하고 개선하는데 사용되며 성적에 반영되지는 않는다. 담당학생을 비난하는 행동을 해서는 안되며 서로의 팀웍을 개선하는데 도움을 주는 자세로 활동에 임한다.

A.0.1 팀구성을 위한 사고성향 조사서

사고성향 조사서

다음 항목 가운데서 수월하고 하기 즐거운 것들을 표시하시오.

A사분면

- 지식과 정보 수집하기: 도서관 검색
- 기본 틀을 성정하여 논리적으로 정보 다루기(아주 철저하게 다루는 것은 아님)
- 유용한 정보를 제공하는 강의 수강하기
- 교과서 읽기
- 사례문제 연구하기
- 아이디어 (합리적, 비판적으로)숙고하기
- 과학적 방법 사용하여 연구하기
- 가정 세우고 그것의 진위 검증하기
- 사실과 기준 및 논리적 추론에 근거하여 아이디어 평가하기
- 기술적이고 재정적인 사례 연구 하기
- (사람과 사회적 관심거리보다는)물건이나 기계 다루기
- (미래의 가능성보다는)현실적인 것 다루기
- 기술적 인공물(다리나 기계 등)을 연구하기 위하여 문화가 다른 지역 조사하기

B사분면

- 임기응변보다는 주어진 지침 철저히 따르기
- 상세한 요구사항이 있는 문제 신중하게 풀기
- 결함과 단점을 찾아내기 위하여 이론과 과정 시험하기
- 단계에 의해서 실험작업 수행하기
- 실험실습 결과에 대하여 보고서 작성하기
- 교육용 소프트웨어로 컴퓨터 이용하기
- 학습된 지식의 응용사례 찾아보기-이론만으로는 부족
- 계획이나 프로젝트 기획하고 이를 계획과 시간에 맞추어 수행하기

- 세부적인 강의 청취하기
- 자세하고 종합적인 노트 필기하기
- 정돈된 환경에서 정해진 계획에 맞추어 공부하기
- 상세하기 예산 세우기
- 자주 반복함으로써 새로운 기술 익히기
- 조직과 절차를 배우기 위하여 현장 실습하기
- 프로젝트에 관하여 "어떻게 하는가"에 대한 지침서 작성하기

C사분면

- 다른 사람들의 아이디어 경청하여 영감이나 아이디어 공유하기
- 스스로 "왜?"를 자문하고 개인적인 의미 추구하여 동기 부여하기
- 책의 서문을 읽어 작가의 저술 목적에 대한 실마리 얻기
- 촉각, 느낌, 후각, 미각, 청각 등의 감각을 통하여 배우기
- 도구나 물건을 만지고 사용하여 손에 익숙하게 만들기
- 스터디 그룹이나 그룹 토의 이용하기
- 자세하게 쓰지는 않더라도, 느낌이나 정신적 가치 기록하는 일지 쓰기
- 드라마 제작하기-상상이 아니라 실제 연출 중시
- 인간 중심적인 현장 실습하기
- 사람들을 만나고 그 사람들이 어떻게 사는가를 알기 위하여 다른 문화권 여행하기
- 배경음악 틀어놓고 공부하고 기억력 돕기 위한 방법으로 랩송 만들기
- 인간 중심적인 사례 연구하기
- 타인의 시각이나 권리 존중하기-사물이 아니라 사람을 중시
- 가르치며 배우기
- 바디랭귀지(신체 언어)에 대한 실마리를 얻기 위하여 비디오나 오디오 선호하기

D사분면

- 새로운 토픽에 대하여 자세한 것보다는 큰 그림이나 전후관계 문맥 찾기
- 좀 더 흥미로운 학습을 위하여 스스로 활동적이 되어 주도권 잡기
- 모의실험을 하며 "만약 … 라면?" 질문하기
- 강의에서 시각자료 활용하고 언어보다는 그림 선호하기

- 정답이 없는 문제 다루며 여러 가지 가능한 답 찾아보기
- 문제(와 그 해결책)의 "우아함" 높이 평가하기
- 브레인스토밍 회의 진행하기-자유분방한 아이디어 중시
- 아이디어와 가능성 실험하고 다루기
- 모험과 새로운 지역 탐험을 위하여 다른 문화권 여행하기
- 미래를 생각하고 장기적인 목표 세우기
- 사실이나 논리에 의하기보다는 직관에 의존하여 해결책 찾기
- 새로운 것에 도달하기 위하여 아이디어나 정보 종합하기
- 미래지향적 논의하기
- 재미삼아 전혀 다른 방법으로(절차가 아니라) 일을 시도해보기

학번:______________ 성명______________ 날짜: 년 월 일

구분	A사분면	B사분면	C사분면	D사분면	합계
표시 개수					

A.0.2 동료 공헌도 평가표

동료 공헌도 평가표

목적: 다음 형식은 팀 구성원들이 서로의 공헌도를 평가하는 데 사용된다. 프로젝트 기간 중 수집된 결과들은 문제점을 인식하고 팀을 향상시키는 데 사용된다. 학기 중 각 프로젝트 발표 때 평가를 실시하며 팀웍 향상을 위하여 개인에게 피드백될 수 있으며 마지막 평가는 개인별 점수를 결정하는 데 사용될 수 있다. 여러분이 평가한 점수는 팀의 어느 누구에게도 알려지지 않은 것이다.

방법:

1. 다음의 빈칸을 채우고 내용을 다른 사람들에게 공개되지 않도록 하여 담당교수에게 제출하라.
2. 각 구성원들의 팀 공헌도를 평가하여 다음과 같은 등급으로 표시하라.
   P = 낮음 A = 적당 또는 평균 T = 높음

   A. 질, 공헌도, 제안, 의견, 아이디어, 창의력 등의 질과 가치
   B. 양, 참여도, 책임감, 팀 회의의 출석률, 팀에게 할당한 임무 완수의 의지, 회의 준비
   C. 태도, 태도가 좋지 않았다면 맨 아래 준비된 여백에 그 문제에 대하여 써라(대립적, 부정적, 무관심, 게으름, 교만함, 비협조적 등).
   D. 공헌도(백분율로) 각 구성원의 전반적 팀 임무에 대한 공헌도, 모든 구성원의 공헌도의 합은(자신의 공헌도 포함하여) 100%가 되어야 함.
   E. 예, 아니오. 여러분은 이 사람을 다음 팀 구성에 참여시키고 싶습니까? 만약 "아니오"로 답했다면 어떻게 그 구성원이 향상될 수 있는지 뒷면에 한두 개의 아이디어를 적으시오.

3. 맨 아래 준비된 여백에(모자라면 뒷면에) 어느 한 구성원에 의한 매우 뛰어난 한 두 가지 공헌에 대하여 적어라.

작성자의 이름 ____________________ 팀 이름/번호 ____________________

팀 멤버 이름	A	B	C	D	E
1. ____________	PAT	PAT	PAT	______ (%)	Yes or No
2. ____________	PAT	PAT	PAT	______ (%)	Yes or No
3. ____________	PAT	PAT	PAT	______ (%)	Yes or No
4. ____________	PAT	PAT	PAT	______ (%)	Yes or No
5. ____________	PAT	PAT	PAT	______ (%)	Yes or No

문제점

칭찬할 점

A.0.3-1 프로젝트 과제

계란 낙하

1. 문제정의:

계란을 7층 건물에서 떨어뜨렸을 때 계란이 깨지지 않는 구조물을 설계하라.

2. 조건:

1) 구조물의 무게는 계란의 무게(55g)를 넘어서는 안 된다.
즉, 계란과 구조물의 무게 합은 110g 이내이어야 한다. 초과 시 감점이 있다.
2) 계란을 테이프나 끈으로 감싸서 계란의 표면 강도를 높이는 행위는 할 수 없다.
3) 사용재료: 종이, 가늘고 긴 막대형 재료, 풀, 고무줄, 접착테이프
4) 포장재료(스티로폼, 기성 완충재 등)를 사용해서는 안 된다.

3. 테스트

1) 학생들은 실험보고서를 제출한다.
   - 문제정의, 브레인스토밍, 평가, 판단의 과정을 포함한다.
   - 구조물의 구조를 보여주는 스케치를 포함한다.
   - 재료 리스트와 비용 명세서를 포함한다.
   - 구조물 제작 과정을 설명한다.
2) 낙하실험에서 계란이 깨어지지 않으면 합격, 깨어지면 불합격
3) 낙하시간이 짧을수록 높은 점수를 부여한다.
4) 낙하지점이 목표 지점에서 반지름 2m 이내에 들어야 한다.

4. 실험 순서

1) 팀별로 교실에서 구조물의 원리를 발표한다.
2) 강사는 계란과 구조물의 무게를 저울로 재서 표에 기록한다.
3) 실험장소로 이동한다.
4) 낙하지점에 분필로 반지름 2m의 원을 그린다.
5) 스톱워치로 낙하시간을 측정한다.
6) 계란 파괴 여부를 확인한다.

A.0.3-2 프로젝트 과제

종이 다리

1. 문제정의:

학생들은 14kg의 중량을 지지할 수 있는 종이 다리를 만들어야 한다.

2. 재료

1) 종이(종류에 관계없음)
2) 접착제(종류에 관계없음. 단 테이프나 스테이플, 순간접착제는 사용 불가)
3) 강도를 증가시키기 위하여 사용될 수 있는 코팅제(수지, 풀, 폴리에틸렌, 페인트 등)

3. 조건

1) 다리는 25mm × 25mm × 300mm의 크기를 가져야 한다.
2) 다리는 종이로 만들어야 한다.
3) 접착제가 사용되어야 한다(테이프나 스테이플은 안 됨).
4) 다리의 길이 방향으로 빛이 들어갈 수 있어야 한다.

4. 테스트

1) 학생들은 실험보고서를 제출한다.
   - 문제정의, 브레인스토밍, 평가, 판단의 과정을 포함
   - 내부구조를 보여주는 스케치를 포함한다.
   - 재료 리스트와 비용 명세서
   - 다리 제작의 과정
2) 다리를 다음의 그림과 같이 양 책상 사이에 설치한 후 다리 중간에 14kg의 중량을 가했을 때 부러지지 않고 견뎌야한다.
3) 다리의 무게가 가벼울수록 점수가 많이 할당된다.

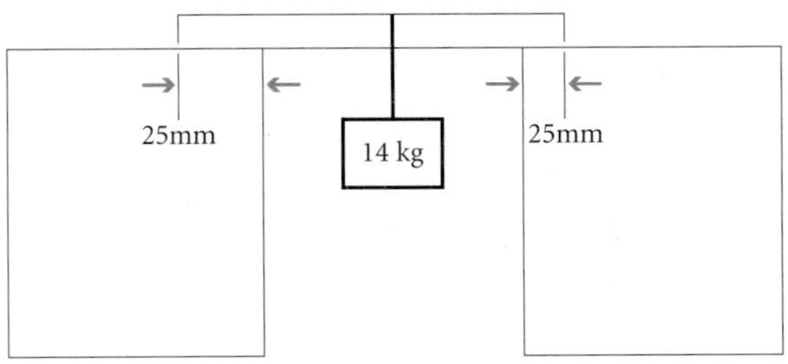

A.0.3-3 프로젝트 과제

의사소통 과제: 우리 대학교 발전 방안

1. 문제정의

1) 우리 대학교에 다니면서 불편한 점이나 개선이 필요한 점을 브레인스토밍하여 발표 주제로 선택한다.
2) 설문조사를 통하여 학생들이나 관계자들의 의견을 수렴하고 파레토도를 만들고 분석한다.
3) 문제정의문을 작성한다.

2. 아이디어 창출

여러 가지 브레인스토밍 방법을 사용하여 최대한 많은 수의 해결방안을 창출한다.

3. 아이디어 평가

아이디어 창출 단계에서 만들어진 아이디어들을 종합하여 좀 더 실용적인 아이디어들로 만든다.

4. 아이디어 판단

1) 판단 기준 목록을 만든다.
2) 가중순위 판정법을 사용하여 아이디어를 선택(또는 종합)한다.

5. 파워포인트를 이용하여 발표한다(발표일 월 일)

1) 발표 내용이 청중들에게 잘 전달되어야 한다.
2) 학생들이 발표를 채점한다.
3) 서면 보고서와 파워포인트 파일을 같이 제출한다.
4) 발표는 10분 이내로 한다.

A.0.3-4 프로젝트 과제

벤처기업 사업계획서 작성/발표

당신의 팀은 새로운 사업을 시작하려고 한다. 이 아이디어를 투자가들에게 설명하여 투자를 유치하여야 한다.

1. 문제정의

1) 새로운 제품의 창안, 기존제품의 결점을 보완하는 창의적인 제품을 제안, 또는 실생활에 불편한 점을 찾아 개선책을 제시한다. 단, 모두 판매하여 수익을 올릴 수 있는 사업이어야 한다.
2) 설문조사를 통하여 학생들이나 관계자들의 의견을 수렴하고 팔레토도를 만들고 분석한다.
3) 문제정의문을 작성한다.

2. 아이디어 창출

브레인스토밍을 통하여 많은 수의 해결방안을 창출한다.

3. 아이디어 평가

아이디어 창출 단계에서 마들어진 아이디어들을 종합하여 좀 더 실용적인 아이디어들로 만든다.

4. 아이디어 판단

1) 판단 기준 목록을 만든다.
2) 장단점 분석표를 통하여 아이디어를 선택(또는 종합)한다.

5. 아이디어 실행

구체적인 제품의 시작품을 만들어 최종발표 때 발표한다. 기능을 하는 완벽한 시작품을 만들기 어려운 경우는 원리와 기능을 잘 표현할 수 있는 시작품을 여러 가지 재료(폐품 이용 가능)를 이용하여 만들어도 된다.

6. 파워포인트를 이용하여 발표한다

(중간발표일시　　월　　일, 최종발표일시　　월　　일)

1) 발표 내용이 청중들에게 잘 전달되어야 한다.
2) 학생들이 발표를 채점한다.
3) 서면 보고서와 파워포인트 파일을 같이 제출한다. 서면보고서에는 브레인스토밍한 아이디어의 스케치, 회의록, 간트차트, 비용 분석표 등이 들어 있어야 한다.
4) 발표는 15분 이내로 한다.

A.0.4-1 프로젝트 발표 평가서

창의공학 발표 평가서

20 년 월 일

나( )는 다른 팀의 발표를 평가함에 있어서 공정하고 객관적인 평가를 양심에 따라 할 것을 서약합니다.

평가자 이름 ____________ 학번 ____________

조이름 ____________ 서명 ____________

[평가기준]

	A (4점) 아주 훌륭하다	B (3점) 잘했다	C (2점) 그런대로 잘했다	D (1점) 더 노력해야 겠다
노력의 양	아주 열심히 노력한 흔적이 보이고 시간을 많이 투자한 것 같다.	열심히 한 흔적이 보이고 시간을 상당히 투자한 것 같다.	그런대로 열심히 한 것 같지만 시간을 많이 투자한 것 같지는 않다.	별로 노력의 흔적이 보이지 않고 시간 투자도 적은 것 같다.
창의성	독특한 아이디어를 이용하여 문제를 해결한 것 같으며 독창성이 돋보인다.	새로운 아이디어를 사용하여 문제를 해결한 것 같으며 독창성이 있어 보인다.	그런대로 새로운 아이디어를 사용하였으나 독창성은 그저 그렇다.	누구나 생각할 수 있는 아이디어를 이용하여 문제를 해결하였다.
내용전달	발표를 아주 훌륭하게 하였으며 발표의 요점을 쉽게 이해할 수 있었다.	발표를 잘하였으며 발표 요점을 이해할 수 있었다.	발표는 그런대로 잘했으나 내용전달이 불충분하였다.	발표 준비가 부족했으며 발표의 요점이 충분히 전달되지 않았다.

[평가표]

평가 내용 / 팀명	내용의 충실도		발표태도	합계
	노력의 양	창의성	내용전달	
1	A B C D	A B C D	A B C D	
2	A B C D	A B C D	A B C D	
3	A B C D	A B C D	A B C D	
4	A B C D	A B C D	A B C D	
5	A B C D	A B C D	A B C D	

A.0.4-2 계란 낙하 프로젝트 실험 평가서

[점 수]

항목	무게		시간		안착 여부		파괴 여부		보고서	발표	총점
가중치	2		2		1		5				
조이름											
1											
2											
3											
4											
5											

[배점표]

	무게	시간	안착여부	파괴여부
1	115 이상	최대시간	안착실패	완파
2	111 - 115		N/A	금이 감
3	106 -110		N/A	N/A
4	101 - 105		N/A	N/A
5	100 g 이하	최소시간	안착	파괴안됨

A.0.4-3 벤처 프로젝트 발표 평가서

벤처 프로젝트 발표 평가서

20 년 월 일

나( )는 다른 팀의 발표를 평가함에 있어서 공정하고 객관적인 평가를 양심에 따라 할 것을 서약합니다.

평가자 이름 ____________________ 학번 ______________________

조이름 ________________________ 서명 ______________________

[평가기준]

	A (4점) 아주 훌륭하다	B (3점) 잘했다	C (2점) 그런대로 잘했다	D (1점) 더 노력해야 겠다
노력의 양	아주 열심히 노력한 흔적이 보이고 시간을 많이 투자한 것 같다.	열심히 한 흔적이 보이고 시간을 상당히 투자한 것 같다.	그런대로 열심히 한 것 같지만 시간을 많이 투자한 것 같지는 않다.	별로 노력의 흔적이 보이지 않고 시간 투자도 적은 것 같다.
창의성	독특한 아이디어를 이용하여 문제를 해결한 것 같으며 독창성이 돋보인다.	새로운 아이디어를 사용하여 문제를 해결한 것 같으며 독창성이 있어 보인다.	그런대로 새로운 아이디어를 사용하였으나 독창성은 그저 그렇다.	누구나 생각할 수 있는 아이디어를 이용하여 문제를 해결하였다.
내용전달	발표를 아주 훌륭하게 하였으며 발표의 요점을 쉽게 이해할 수 있었다.	발표를 잘하였으며 발표 요점을 이해할 수 있었다.	발표는 그런대로 잘했으나 내용전달이 불충분하였다.	발표 준비가 부족했으며 발표의 요점이 충분히 전달되지 않았다.

[평가표]

평가 내용 / 팀명	내용의 충실도		발표태도	합계
	노력의 양	창의성	내용전달	
1	A B C D	A B C D	A B C D	
2	A B C D	A B C D	A B C D	
3	A B C D	A B C D	A B C D	
4	A B C D	A B C D	A B C D	
5	A B C D	A B C D	A B C D	

A.0.5 팀웍 기술 관찰 서식

팀웍 기술 관찰 서식

관찰자 ____________ 대상 ____________ 사례 ____________

임 무					
임무 과정(문제 해결 과정) 관찰자	팀 방향을 제시하고, 관찰하고, 요약하고, 방향 탐색하고, 단계를 확인한다.				
	단계를 무시하고, 원하는 것은 아무거나 요구하고, 방해하고, 공헌할 줄 모른다.				
(임무와 연관된) 정보와 견해 제공자	정보를 자신감 있게 준다. 제안을 한다.				
	정보를 주지 않는다. 침묵하고 공격적, 수동적 이다.				
(임무와 연관된) 정보와 견해 구하는 자	질문을 한다. 이해도를 점검 한다.				
	침묵, 질문하는 것을 거부한다.				
활력을 주는 자 :위험을 무릅쓰는 자	열성 있고, 독특한 아이디어와 문제해결의 실마리를 제시한다.				
	남의 의견에 추종과 동의만 하고, 조용하고 자신이 없다.				
팀 사기					
대인 관계 과정의 관찰자	대인 관계 역학에 민감하다. 현 상황에 대한 코멘트를 한다.				
	긴장감과 갈등을 무시하고, "갈등이 곧 없어질 거야" 라고 희망만 한다.				
찬사와 도움 제공자	따뜻하고, 민감하고, 도움을 주며, 보답을 한다.				
	비방하고, 공격적이고, 자기중심적이고, 방어적이고, 비판적이고, 남을 업신여긴다.				
대인관계 문제 해결자 : 해결책을 찾는 사람	중재하고, 화합하고, 분쟁을 해결하는데 도움을 준다.				
	문제를 일으키고, 사적인 목적을 추구한다.				
활력을 주는 자 :긴장을 완화하는 사람	농담을 하고, 웃으며, 만족감을 표시한다.				
	움츠리고, 긴장을 유발시킨다.				

장점들

____
____
____
____

더 노력해야할 점들

____
____
____
____

Case 1: NASA 문제

당신은 원래 달의 햇빛이 비치는 면에 있는 모선과 랑데부하기로 예정되어 있는 우주 승무원의 일원이다. 그런데, 기계적 문제 때문에 당신의 우주선은 랑데부 장소에서 350km 떨어진 곳에 불시착하게 되었다. 불시착하는 과정에서 탑재되어 있던 많은 장비들이 부서졌다. 그리고 생존여부가 모선까지 갈 수 있는 지에 달려있기 때문에 쓸 수 있는 물품들 중 가장 중요한 것들이 350km 여정을 위해 선택되어야 한다. 아래에는 불시착에도 손상되지 않는 15개 물품의 목록이 있다. 당신의 임무는 당신의 승무원들을 랑데부 장소까지 갈 수 있도록 해줄 물품들을 중요도 순으로 순서를 매기는 것이다. 가장 중요한 물품이 1번이 되도록 한다.

	사용가능한 물품들	순서
a	성냥 1 박스	
b	농축 식량 (Food concentrate)	
c	15 m 나일론 로프	
d	낙하산	
e	이동식 난방 장치	
f	2자루의 45구경 권총	
g	가루 우유 1 통	
h	2개의 50 kg 산소 탱크	
i	달의 별자리 지도	
j	구명 보트	
k	자석 나침반	
l	10 L 물	
m	신호탄	
n	주사기가 포함된 응급치료 키트	
o	태양열 동력의 FM 송수신기	

Case 2: 캐나다의 북극에 가까운 곳에 불시착한 경우

당신과 5명의 승객들은 북극에 가까운 곳에 있는 A공항으로 가는 도중 목적지에서 100 km 떨어진 곳에 불시착하였다. 당신은 마른 땅에 내렸지만 여기서 A공항까지 직선으로 가기 위해서는 적어도 9번의 물을 건너야 한다. 유일한 항해 방법은 나침반과 작고 읽기 어려운 지도이다. 불시착한 근처는 작은 상록수로 덮여 있고, 지형은 언덕이 많고 이끼로 덮인 돌이 많이 있다. 오늘 기온은 2°C이고 날씨는 다음 주에 더 추워진다고 한다. 다음 비행기는 3일 후에 온다. 800 m 높이의 언덕이 2 km 떨어진 곳에 있는데 그곳의 꼭대기에서 A공항을 볼 수 있다. 바람은 24~28 km/h의 속도로 불고 있다. 5 km 떨어진 곳에 버려진 탄광이 있지만 공항을 오고가는 비행기의 시야에서 벗어나 있다. 비행기는 부서졌지만 비행기가 불에 타기 전에 건져낸 15개의 물품이 아래에 있다 당신은 어떤 일이 있더라도 모두 같이 있기로 했다. 당신에게 상대적으로 중요한 물품의 순서를 매겨라. 가장 중요한 물품이 1번이 되도록 한다.

	사용가능한 물품들	순서
a	금속의 방수 통에 들어있는 13개의 성냥	
b	유리병에 들어있는 바카디 럼(151 proof: 매우 도수 높음) 1병	
c	눈신 3켤레	
d	한사람 당 침낭 하나씩(극지방형, 오리털 침낭)	
e	단풍시럽 1 리터 캔 1개	
f	자석 나침반 1개	
g	7 m × 7 m 내구성 강한 삼베 천(Canvass) 1개	
h	4개의 건전지를 사용하는 플레시 전등 1개	
i	거울이 있는 안전 면도기 세트 1개	
j	손도끼 1개	
k	정수용 알약이 든 큰 통 1개	
l	1 cm 직경의 꼰 나일론 로프 80 m, 25 Kg들 수 있음	
m	"북반구 별을 이용한 항법술" 책 1권	
n	태엽 감는 알람 시계 1개	
o	직경 35 cm 비행기 타이어의 내부 튜브 1개. 구멍났음.	

A.1 QFD

A.1.1 QFD의 정의

QFD는 품질기능전개(quality function deployment)의 약자로서 1972년 일본 미쓰비시의 고베(Kobe) 조선소에서 개발되고 1986년에 Ford와 Xerox사에 의해 미국에 도입된 종합적 품질관리 기법이다. 품질기능전개(QFD)는 3개의 단어(Quality, Function, Deployment)로 구성되어 있는데, 각 단어들은 다음과 같은 의미를 가지고 있다.

- **품질:** 고객의 기대를 만족시키거나 뛰어 넘는 제품의 품질, 속성, 특성, 특징, 성능을
- **기능:** 측정가능한 기능의 용어로 나타내어
- **전개:** 하부단계로 전개한다.

따라서 품질기능전개란 가장 중요한 제품의 특성을 만족시키기 위해 모든 부서가 협심하여 노력을 전개하는 것을 의미한다. QFD는 매우 조직화된 팀 접근 방식의 품질관리 기법이며 동시공학의 중요한 도구이다. QFD는 기본적으로 생산, 판매, 서비스 이외에도 소비자의 요구가 시장계획, 제품설계와 공학처리, 공정개발, 시작품 평가 등을 포함한다. 이것은 기업의 제품설계와 생산공정 전반에 영향을 미치도록 보장하는 장치이다.

A.1.2 QFD의 단계

QFD는 제품 계획, 부품전개, 공정계획, 생산계획의 4단계로 구성된다. 즉, QFD는

(1) 품질집 행렬을 이용하여 소비자들의 요구사항을 제품계획 단계에서 기술적 변수로 변환한 후
(2) 이런 제품의 기술적 변수를 각 부품별로 만족시켜야할 변수로 바꾸고
(3) 중요한 부품특성에 관련된 공정운영들을 인식하고
(4) 운영과 관리 도표를 통해 핵심 공정운영을 생산요건과 결부시킨다.

[표 A1.1]은 QFD의 4가지 단계에서 완성해야할 행렬과 목적을 보여준다. [그림 A1.1]은 QFD의 4단계에서 어떻게 고객의 요구사항이 기술적 특성으로, 부품특성으로, 그리고 공정과 생산 요구사항으로까지 전개가 되는지를 보여준다.

QFD의 주된 이점은 포괄적인 데이터베이스 기능을 가진다는 것이다. 제품에 대한 모

든 중요한 정보가 수집되어 한곳에 저장된다. 이는 설계 목적에서부터 생산, 판매, 서비스까지 제품에 관련된 모든 사항에 대해 신입 직원이 빨리 알 수 있도록 해준다. QFD로 기업을 혁신하려면 초기에 대단한 노력이 필요하다. 그러나 일단 이 데이터베이스와 공정이 성립되면 추가적인 개발과 변화는 쉽다. QFD는 고객 요구와 시장과 직접 연결된 개선대상 그리고 기술적 개발이 필요한 분야를 지적해 낼 수 있다. QFD는 제품이나 제품 품질에 대한 모든 주요 정보를 기업에 수직적으로 그리고 수평적으로 분산시켜 품질에 대한 사항에 대한 보편적인 이해가 이루어지도록 한다.

표 A1.1
QFD의 단계

단계		완성해야 할 행렬	목적
1	제품 계획	계획행렬(Planning Matrix) 혹은 품질집(haouse of quality, HOQ)	품질집이라는 분석행렬을 통하여 고객의 요구를 기술적 변수(engineering characteristics, ECs)로 변환시킨다.
2	부품 전개	제품전개행렬(product deployment matrix)	부품과 제품 특성들 간의 중요한 관계가 표시된다.
3	공정 계획	부품개발행렬(component development matrix)	부품설계의 파라미터
4	생산 계획	운영지시서(operator instruction sheet)	운영의 필요품목과 공정계획 점검표 및 품질계획 차트

그림 A1.1
QFD의 4단계에서 각 특성들의 전개

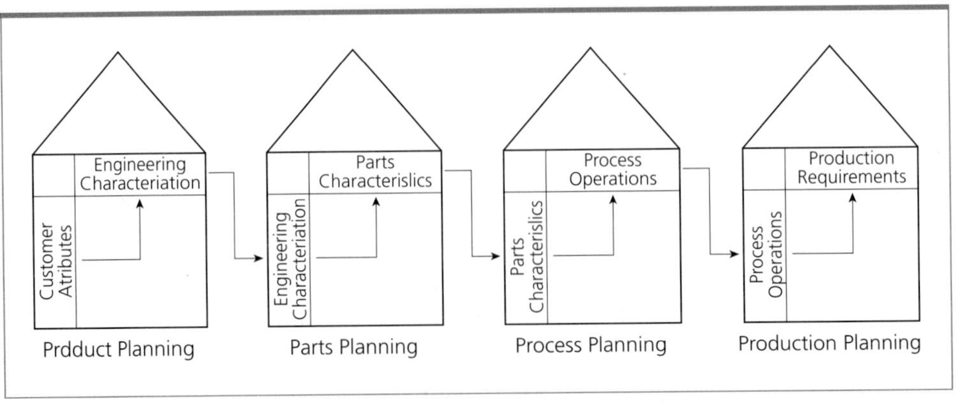

A.1.3 품질집(HOQ)

1) 형태

품질집이란 QFD의 1단계인 제품계획에 사용되는 행렬이 삼각형 지붕이 있는 집모양을 닮았다고 해서 붙여진 이름이다. 품질집은 고객의 요구사항(Customer Requirements)을 기술적 요소(Technical Attributes)로 바꾸어주는 행렬로서 그림 A1.2에서와 같이 7개의 영역으로 구성된다.

(1) 고객의 요구사항 (Customer Requirements)

제품에 대한 고객의 불만, 불평, 개선사항 등을 설문조사를 포함하는 여러 조사방법을 통하여 수집한다. 고객의 요구사항은 "사용하기 불편하다", "사용할 때 시끄럽다", "거칠다" 등 감각적이고 일상생활에서 사용하는 언어로 표현된다.

(2) 고객의 평가(Customer Evaluations)

현 제품에 대한 고객의 평가를 표시한다. 경쟁사 제품에 대한 평가도 같이 하면 경쟁사에 대한 현 제품의 장단점을 한눈에 볼 수 있다.

(3) 기술적 요소(Technical Attributes)

고객의 요구사항을 만족시키기 위해 제품의 어떤 기술적 요소가 필요한지 브레인스토밍을 통하여 만든다.

(4) 상호작용(Interactions)

기술적 요소 사이의 상관관계를 나타낸다.

(5) 관계(Relationships)

고객의 요구사항과 기술적 요소 사이의 관계를 표시한다.

(6) 기술평가(Measurable Performance)

기술적 요소를 평가하여 표시한다.

(7) 중요도(Importance)

기술요소의 중요도를 가중치로 표현한다.

그림 A1.2
House of Quality

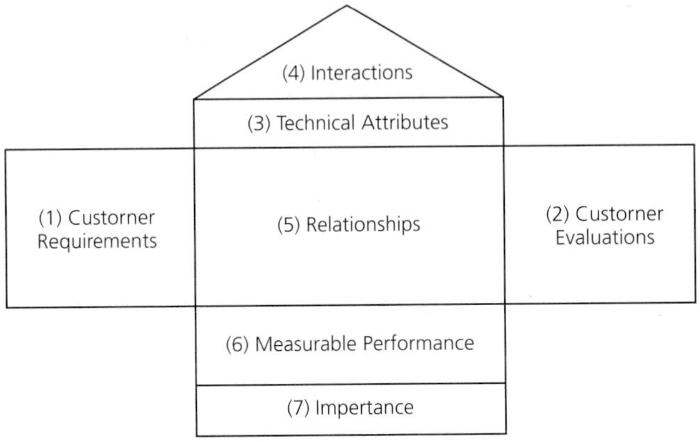

2) 품질집 작성 요령

[입력요소]

(1) 고객요구(customer attributes, CAs)

(2) 특성의 중요도

(3) 자사와 경쟁자의 등급 비교

[주요출력]

(1) 기술적 변수들의 비중과 목표값

(2) 기술적 변수들의 상대 비중은 절대 비중의 순위

(3) 각 기술적 변수들의 목표값(target value) 설정

(1) 고객의 요구사항 수집

품질집을 완성하기 위해서 영업부와 함께 고객에 대한 데이터를 브레인스토밍, 인터뷰, 설문지, 그리고 기타 조사를 통해서 수집한다. 문제정의는 아래와 같은 질문들이 이용된다.

- 계획한 제품의 사용자는 누구인가?
- 누가 구매자가 될 것인가?
- 제품의 예상 성취목표는?
- 제품의 성능은?

- 유사한 기존제품에 대한 품질보증에 관한 불평이 있는가?
- 사용자들은 왜 이 제품을 사용하는가?
- 비사용자는 왜 이 제품을 사용하지 않는가?
- 비사용자들로 하여금 이 제품을 사용하도록 할 특징들은 무엇인가?
- 이 제품이 경쟁사의 제품들과 어떻게 경쟁할 것인가?

(2) 품질집 작성 순서

① 고객요구(고객이 원하는 무엇)의 대분류 수준 열거

② 요구들의 중요성에 따른 가중치 입력. 설문지 응답의 분석

③ 고객요구들을 기술적 변수(engineering characteristics, ECs)로 번역. 고객의 "무엇"에 대해 기술적인 "어떻게" 로 해결할 것인지를 결정

④ 기술적 변수들은 정교성(ingenious)에 따라 우선순위와 가중치 결정

⑤ 엔지니어링 특성들 간의 시너지와 절충

⑥ 기능들 사이를 교차하는 의사소통

3) 품질집의 예(샌드위치 가게)

(1) 고객투입, 고객의 소리

설문조사를 통하여 고객의 샌드위치에 대한 요구사항을 조사하여 다음 3가지를 찾아냈다.

- 맛이 있다.
- 영양가 있다.
- 뒷맛이 좋다.

[표 A1.1]은 고객의 요구 사항과 그 중요도를 표로 작성한 것이며 [표 A1.2]는 우리 가게와 경쟁 가게 사이의 고객평가를 나타낸다. 이 표를 [그림 A1.2]의 HOQ에 그려 넣을 수 있다.

그림 A1.3
샌드위치 가게의 HOQ

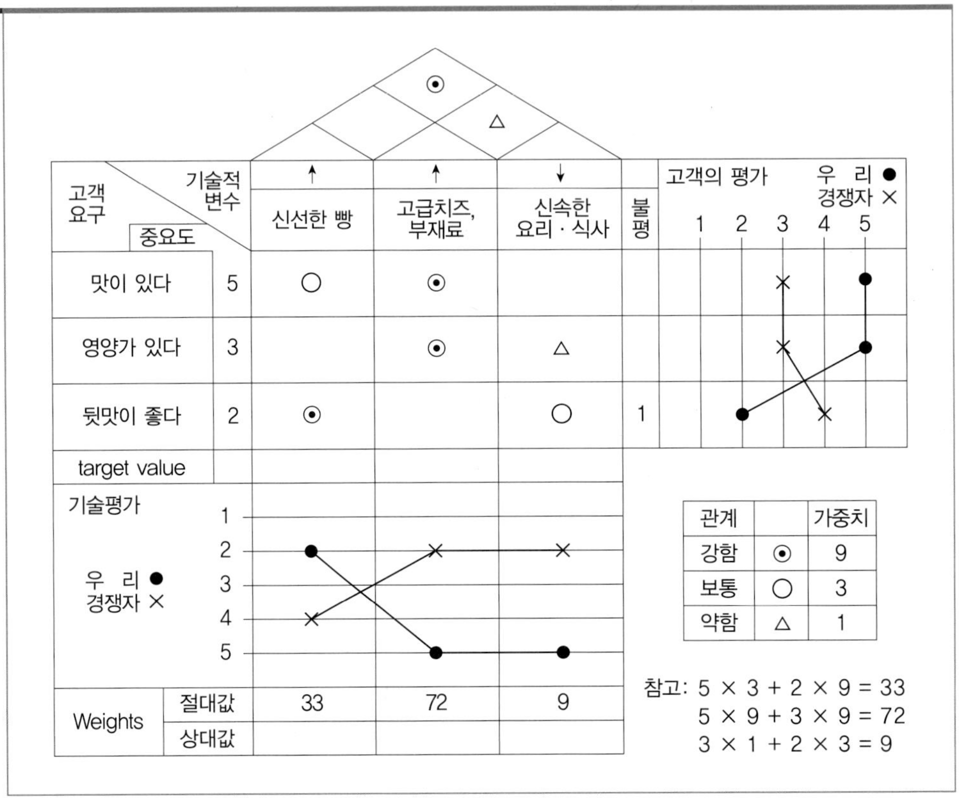

표 A1.2
중요도

고객요구	중요도
맛이 있다	5
영양가 있다	3
뒷맛이 좋다	2

표 A1.3
비교평가

고객요구	중요도	우리가게에 대한 평가	경쟁자에 대한 평가
맛이 있다	5	5	3
영양가 있다	3	5	3
뒷맛이 좋다	2	2	4

(2) 기술적 투입

고객의 요구를 충족 시켜줄 기술적 변수들을 찾아내야 하는데, 브레인스토밍을 통해 많은 아이디어를 도출한 후 중요한 몇 개의 기술적 변수를 찾아낼 수 있다. 여기서는 다음의 3가지 기술적 변수를 찾아냈다.

- 신선한 빵
- 고급치즈 · 부재료
- 신속한 요리 식사

표 A1.4
고객요구와 기술적 변수의 상관관계 기호

관계	상징	가중
강함	◉	9
보통	○	3
약함	△	1

표 A1.5
고객요구와 기술적변수의 상관관계

고객요구	기술적 변수		
	신선한 빵	고급치즈 • 부재료	신속한 요리 • 식사
강함	○	◉	
보통		◉	△
약함	◉		○

표 A1.6
고객요구와 기술적 변수의 상관관계

기술적 변수	신선한 빵	고급치즈 • 부재료	신속한 요리 • 식사
강함	2	5	5
보통	4	2	2

이들 기술적 변수들 사이의 상관관계를 찾아내어 품질집(HOQ)의 지붕에 해당하는 삼각행렬에 [표 A1.4]에 수록된 상징을 이용하여 표시한다. [그림 A1.3]에서 신선한 빵과 신속한 식사 사이에는 강한 관계(◉)가 있으며, 고급치즈부재료와 신속한 식사 사이에는 약한 관계(△)가 있음을 볼 수 있다. 또한 고객의 요구와 기술적 변수와의 상관관계도 찾아

낸다([표 A 1.5]).

우리 빵가게와 경쟁자 가게와의 기술적 변수에 대한 비교평가를 실시한다([표 A1.6]).

(3) 주요출력

① 기술적 변수들의 비중과 목표값

각 기술적 변수들이 고객의 요구를 충족시키는데 얼마나 중요한 역할을 하는지 계산한다.

- "신선한 빵"의 절대 비중은 $5 \times 3 + 2 \times 9 = 33$
- "고급 치즈 · 부재료"의 절대 비중은 $5 \times 9 + 3 \times 9 = 72$
- "신속한 요리 · 식사"의 절대 비중은 $3 \times 1 + 2 \times 3 = 9$

② 기술적 변수들의 상대 비중은 절대 비중의 순위

③ 각 기술적 변수들의 목표값(target value)을 설정

(4) 품질집의 해석

① 가장 중요한 기술적 변수(ECs)는 "고급치즈 · 부재료"로 절대 비중 $5 \times 9 + 3 \times 9 = 72$ 이다.

② 다음으로 중요한 기술적 변수(ECs)는 "신선한 빵"으로 절대 비중 $5 \times 3 + 2 \times 9 = 33$ 이다.

③ 가장 덜 중요한 기술적 변수(ECs)는 "신속한 요리 · 식사"로 절대 비중은 $3 \times 1 + 2 \times 3 = 9$이다.

④ 현재 우리는 경쟁자에 비해 "맛이 있다"와 "영양가 있다"에서 우수하고 "뒷맛이 좋다"에서 열등하다.

⑤ "고급치즈 · 부재료" 및 "신속한 요리 · 식사"에서 경쟁력이 있으나 장차 "신선한 빵"에서도 우월성을 갖추어야 한다.

⑥ "신선한 빵"과 "신속한 요리 · 식사"의 상관계수는 강하게 긍정적이므로 동시 추구가 용이하다.

⑦ 중요성의 순서가 1. "고급치즈 · 부재료" 2."신선한 빵" 3. "신속한 요리 · 식사"로 나왔다. 기술적 변수들의 목표값 설정.

A.2 문제해결 사례와 트리즈의 40가지 발명원리

A.2.1 모순을 이용한 문제해결 사례

기술적 모순과 물리적 모순을 도출하고, 해결방안을 사용한 예를 살펴보자. 제임스 와트는 글래스고 대학에서 수업 중 과학 시연에 사용되는 장치들을 관리하면서 당시 유럽에서 대단히 유용하게 사용되던 뉴커먼 기관의 시연을 맡게 되었다. 뉴커먼 기관은 보일러에서 뜨거운 수증기가 실린더 안으로 유입되면서 꼭대기까지 피스톤을 들어올리게 된다. 그 다음에 실린더에 차가운 물을 뿌려 넣어서 실린더를 냉각시키면 수증기가 응축되어 실린더 내부 공간은 대기압보다 낮아지게 되면서 대기압이 피스톤을 아래로 밀어낸다(이 과정에서 빔에 연결된 펌프가 물을 퍼올린다). 그런 다음에는 뜨거운 수증기를 다시 유입시켜 실린더가 가열되면서 피스톤을 들어올리고, 또다시 실린더를 냉각시키면서 피스톤이 내려간다. 이와 같이, 뜨거운 수증기 유입과 찬 물을 뿌리는 반복 과정에서 피스톤이 상하로 반복하여 움직이게 되고 이 움직임을 이용하여 펌프가 반복적으로 물을 퍼올리게 된다.

뉴커먼 기관은 열의 상당 부분이 냉각된 실린더를 가열하는데 사용되고 있으며 이는 일과 무관하므로 매우 비효율적인 단점을 가진다. 만약 실린더를 냉각시키지 않고 실린더의 열을 그대로 보존하면서 다음 작업 수행이 가능하다면 석탄 사용량이 대폭 줄어들 여지가 있다.

그림 A2.1
뉴커먼 기관

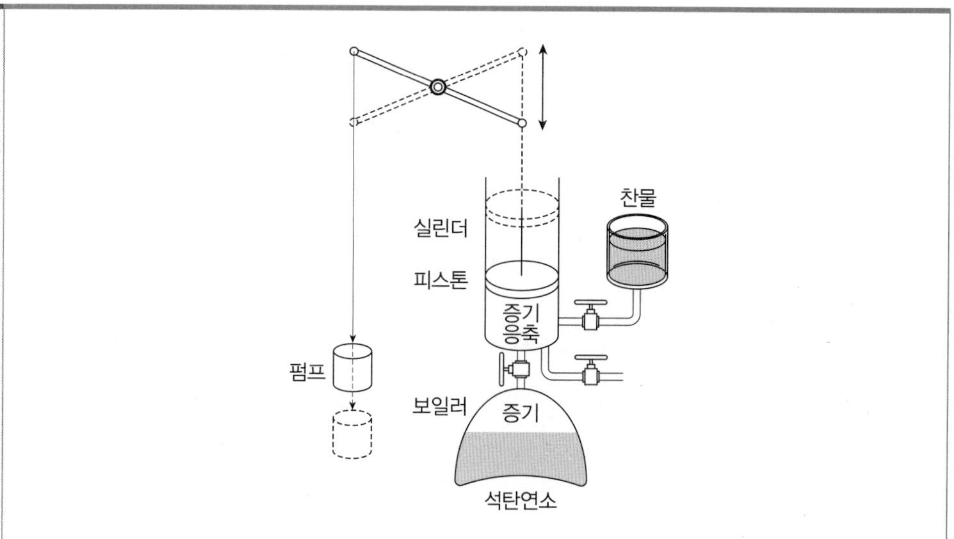

그림 A2.2
와트 증기기관

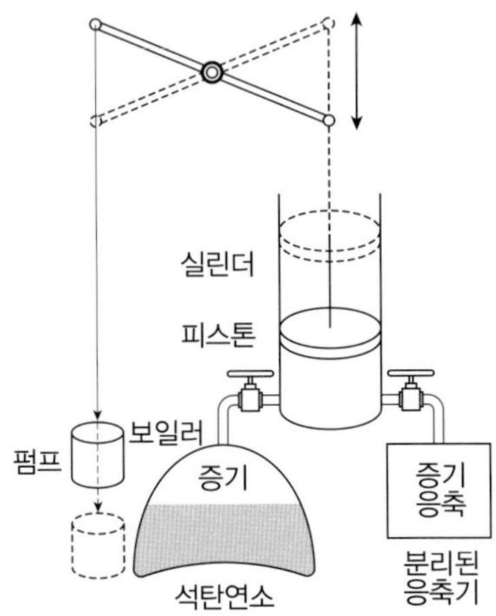

뉴커먼 기관은 열효율을 떨어뜨리는 다음의 대립적인 상태(모순)가 반복된다. 실린더는 그 안으로 들어오는 수증기처럼 뜨거울수록 좋다(증기 효율에 도움). 그렇지만 다음 단계에서 수증기를 응축시키려면 온도가 낮을수록 좋다(진공 수준에 도움). 모순을 서술하라.

모순	모순 서술
기술적 모순	• 실린더는 유입되는 수증기처럼 뜨거울수록 좋으며 증기 효율에 도움이 된다. 그러나 실린더가 뜨거우면 수증기를 응축시킬 수 없어서 피스톤을 내릴 수 없다. • 실린더가 차가우면 수증기가 응축되어 피스톤을 내릴 수는 있지만 피스톤을 다시 들어올리기 어렵다. 수증기를 응축시키려면 온도가 낮을수록 좋으며 이는 진공 수준에 도움이 된다.
물리적 모순	• 실린더는 뜨거워야 한다. 그러나 차가워야 한다.

1) 문제점 서술

뉴커먼 기관은 뜨거운 수증기가 실린더에 들어가 피스톤을 들어 올린 후, 뜨거워진 실린더에 차가운 물을 뿌려 넣어 실린더가 냉각되면서 피스톤이 내려가고 또다시 뜨거운 수증기를 넣는 등의 과정이 반복된다. 이를 보면 열의 상당 부분이 냉각된 실린더를 가열하는데 사용되고 있으며 이는 일과 무관하므로 매우 비효율적인 단점이다. 만약 실린더를 냉각시키지 않고 실린더의 열을 그대로 보존하면서 다음 작업 수행이 가능하다면 석탄 사용량이 대폭 줄어들 여지가 있다.

2) 갈등 서술

- 실린더는 유입되는 수증기처럼 뜨거울수록 좋으며 증기 효율에 도움이 된다. 그러나 실린더가 뜨거우면 수증기를 응축시킬 수 없어지므로 피스톤을 내릴 수 없다.
- 수증기를 응축시키기 위해서 실린더를 차게 하면 피스톤을 들어 올릴 수가 없다.

3) 기술적 모순

- 실린더가 뜨거우면 증기 효율이 좋지만 피스톤을 내릴 수 없다.
- 실린더가 차가우면 피스톤을 내릴 수 있지만 피스톤을 다시 들어올리기 어렵다.

4) 문제 정의

- 실린더가 뜨거우면 효율이 좋지만 피스톤을 내릴 수 없다. 또한 문제는 다음과 같이 그림으로 정의될 수도 있다.

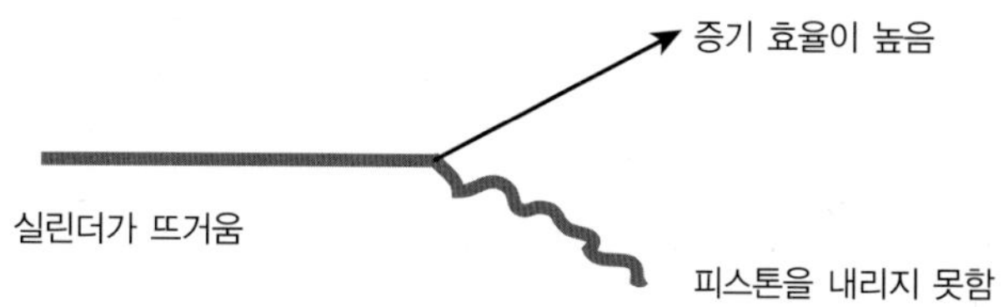

5) 물리적 모순

- 실린더는 뜨거울수록 좋지만 또한 차가워야 한다.

6) 물리적 모순–공간 분리로 해결

- 와트는 실린더의 가열과 냉각과 관련된 문제를 해결할 수 있는 혁신적인 방안을 고안하였다. 실린더와 응축기(냉각기)를 분리해서 작동시킨다. 이로써 피스톤이 운동하는 실린더는 항상 덥게 유지하고 응축기(Condenser)는 실린더 바깥에 분리되어

항상 차게 유지되며 수증기는 실린더에서 응축기로 이동되어서 냉각된다(1769). 분리 응축기로 인해 실린더를 늘 뜨겁게 유지할 수 있으므로 열효율이 4배로 향상되며 석탄이 대폭 절약되는 성과를 달성하였다.

A.2.2 이상성을 이용한 문제해결 사례

[문제 상황]

원유 수송 파이프라인을 통해 여러 종류의 원유를 수송해야 한다. 여러 종류의 원유를 순차적으로 교체해서 수송하는 시스템에서는 원유가 교체될 때 인접된 부분에서 제품 종류 간에 서로 혼합되는 문제가 발생된다. 예를 들어 순수한 가솔린과 디젤 제품이 어디서 시작하고 어디서 끝나는지 결정해야 한다.

그림 A2.3
원유 혼합 부분과 분리기 사용

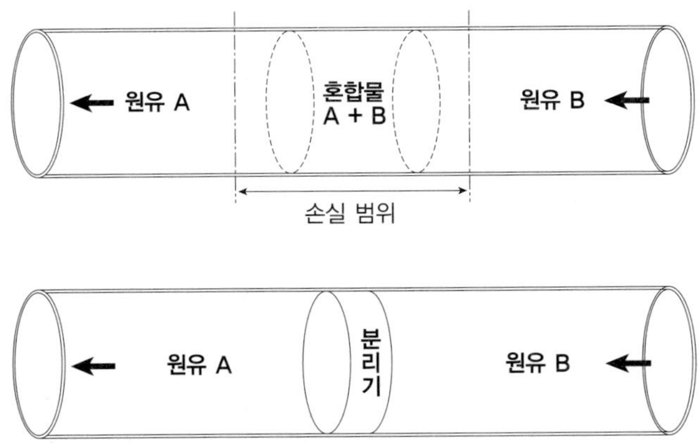

원유가 서로 섞이지 않게 하기 위해서는 특수한 어떤 장치-분리기를 사용하여 원유를 서로 분리해야 된다. 기존 방식은 한 가지 종류의 원유 수송 작업이 끝나면 피스톤 역할을 하는 커다란 장치를 삽입한 후 다른 원유에 대한 수송 작업을 시작하는 것이다.

[토의]

- 기존 분리기 장치는 수송하려는 한 가지 원유와 다음 원유 사이에 디스크 장치를 삽입해 액체들을 분리시킨다. 원유 파이프라인의 압력이 대단히 높기 때문에 액체들이 장치의 틈새로 서로 섞이게 되는 문제가 발생한다. 이러한 고체 분리 장치는 파이프라인 도중에 설치되어 있는 몇 개의 펌핑 장소를 통과할 수 없기 때문에 펌핑장에 도달되기 이전에 분리기를 제거해야 한다.
- 이상적인 분리기는 원유끼리 섞이지 않게 하면서도 펌프를 통과할 수 있어야 한다.

[문제해결]

이상성 개념을 도입하여 분리기 구성 물질을 고체 물질이 아닌 '액체' 물질을 사용하는 경우를 검토하자.

이상적 최종결과(IFR) : 분리기 역할을 하는 액체가 오일 물질에서 스스로 제거됨

이상적인 결과는 액체가 고체가 되어 가라앉든지 아니면 기체가 되어 증발해버리는 것이다. 분리기 구성 요건을 살펴보자. 물질은 유사한 물질 속에서 용해된다. 원유는 유기물질이므로 분리 물질은 원유에 용해되지 않아야 하므로, 분리 물질은 무기 액체이어야 한다. 가능하면 저렴하고 안전할 뿐만 아니라 원유와 화합하지 않는 성질이 있어야 한다. 필요한 조건을 만족시키는 물질로는 암모니아가 제안된다.

암모니아를 분리 물질로 사용하면 파이프라인을 통해 아무런 문제없이 원유 물질을 이동시킬 수 있다. 이 분리 물질도 일부분 원유 물질과 혼합되겠지만 문제가 되지는 않는다. 마지막에 암모니아는 기체로 증발되어 버리고, 저장통에는 원유만 남게 될 것이기 때문이다.

A.2.3 트리즈의 40가지 발명원리

발명원리	부 원리	부 원리 예시
원리 1. 분할 (Segmentation)	a. 물체를 독립된 여러 부분으로 나눈다.	▶ 큰 트럭을 트럭과 트레일러로 대체한다.
	b. 물체를 분해와 조립이 쉽도록 만든다.	▶ 조립식 가구 ▶ 날을 분리할 수 있는 굴착기 버킷
	c. 물체의 분할 정도를 증가시킨다.	▶ 베니스식 블라인드(커튼), 약을 잘게 빻은 가루 형태로 만들어 주입한다. ▶ 봉이나 박편보다는 가루로 된 용접 금속을 사용하여 접합 부분의 침투력을 향상시킨다.
원리 2. 추출 (Extraction, Separation)	a. 물체에서 방해되는 부분이나 성질을 분리하여 뽑아내거나 또는 필요한 부분이나 특성만을 골라낸다.	▶ 에어컨에서 큰 소음이 나는 압축기는 건물 밖에 둔다. ▶ 흉부 X-선 촬영 시 방사선 과다 노출을 막기 위해 필요 부위만 방사선을 쬐도록 만들어진 납 차폐판을 사용한다.
원리 3. 국소적 성질 (Local Quality)	a. 물체 또는 외부 환경의 구조를 획일적인 것에서 비획일적인 것으로 바꾼다.	▶ 온도, 밀도, 압력이 일정한 것이 아닌 가변적인 온도, 밀도, 압력을 사용한다.
	b. 물체의 작동에 있어 최적인 상태에서 기능하도록 각 부분들을 만든다.	▶ 뜨거운 음식과 찬 음식, 음료들을 구분해 담는 칸막이가 있는 도시락이나 식반
	c. 물체의 각 부분이 서로 다른 유용한 기능을 수행하게 한다.	▶ 지우개 달린 연필 ▶ 맥가이버 칼
원리 4. 비대칭 (Asymmetry)	a. 물체의 형태를 대칭형에서 비대칭형으로 바꾼다.	▶ 비대칭 혼합용기 또는 대칭 용기 속의 비대칭 날개가 혼합을 개선한다(믹서, 레미콘 트럭) ▶ 깔대기 주입구를 중앙이 아닌 한쪽에 치우치게 만들면, 액체의 소용돌이 반경이 작아져 주입구가 중앙에 있는 경우에 비해 액체의 통과 속도가 빨라진다.
	b. 물체가 만약 비대칭이면, 그 비대칭의 정도를 증가시킨다.	▶ 자동차의 헤드라이트는 상향등과 하향등이 있어서 각각 원거리 광선과 단거리 광선을 비추게 된다.
원리 5. 통합 (Merging)	a. 동일하거나 유사한 물체들을 가까이 모아 두거나 병합한다.	▶ 개인용 컴퓨터들을 네트웍으로 연결한다. ▶ 하나의 회로기판 양면에 탑재된 전자 칩들
	b. 연속적으로 또는 병렬로 작동시킨다; 한번에 모아서 실행한다.	▶ 다양한 혈액검사를 동시에 분석할 수 있는 의료진단 기기 ▶ 굴착기의 회전식 삽에 설치된 노즐을 통해 뜨거운 공기를 분사하면서 작업을 하면 언 땅이 녹아 굴착이 용이하다.

발명원리	부 원리	부 원리 예시
원리 6. **범용성** (universality, Multifunctionality)	a. 하나의 물체 또는 부품이 여러 가지 기능을 수행한다.	▶ 모든 나사에 맞게 조절이 가능한 단일 렌치 ▶ 낮에는 소파로, 밤에는 침대로 사용한다. ▶ 원 스톱 쇼핑 – 슈퍼마켓에서 보험, 은행 업무, 약품, 신문 등을 판다.
원리 7. **포개기** (Nesting)	a. 하나의 물체를 다른 물체 속에 넣는다; 그 물체를 다시 또 다른 물체 속에 넣는다.	▶ 계량 컵 ▶ 러시아 인형(마트레쉬카)
	b. 하나의 부품이 다른 부품의 구멍을 통과하게 만든다.	▶ 우산 손잡이, 안테나, 지시봉 ▶ 동체 안으로 넣을 수 있는 인입식 항공기 착륙장치
원리 8. **무게 보상** (counterweight, Weighting Compensation)	a. 물체의 무게를 상쇄하기 위해 양력을 제공하는 다른 물체와 결합시킨다.	▶ 광고물을 매달기 위해 헬륨 풍선을 이용한다.
	b. 물체의 무게를 상쇄하기 위해 주위 환경과 상호작용하게 한다.	▶ 비행기의 날개 형상은 날개 위의 공기 밀도를 감소시키고 날개 아래의 공기 밀도를 증가시켜 뜨게 한다
원리 9. **사전 반대 조치** (Preliminary Counteraction, Prior Counteraction)	a. 만약 해로운 효과와 유용한 효과를 모두 갖고 있는 작용을 실행할 필요가 생기면, 이 작용은 해로운 영향을 조절하기 위해 반대 작용으로 대체되어야 한다.	▶ 극심한 pH로부터의 피해를 막기 위해 용해제를 완화시킨다.
	b. 알려진 바람직하지 않는 가공응력(working stresses)을 추후에 보정하기 위해서 물체의 내부에 미리 응력을 가한다.	▶ 콘크리트를 붓기 전에 미리 장력이 가해진 (콘크리트 보강용)강철봉 ▶ 페인트 칠을 하지 않을 곳을 보호하기 위해서 테이프로 감싼다.
원리 10. **사전 조치** (Preliminary Action, Do It in Advance)	a. 물체가 필요로 하는 변화를 (완전하게 또는 부분적으로) 미리 해둔다.	▶ 미리 풀칠해 둔 벽지 ▶ 피부 손상 위험 없이 깁스를 제거할 수 있도록 깁스를 만들 때 그 속에 미리 절단용 톱날을 넣어두었다가 나중에 깁스를 잘라낼 때 사용한다.
	b. 가장 편리한 위치에서 이송 시간의 낭비 없이 즉시 사용할 수 있도록 물체의 위치를 미리 배열해둔다.	▶ 공장에서 JIT(Just-In-Time)에 의한 간판(Kanban) 배열 ▶ 작업자의 손이 쉽게 닿을 수 있도록 가장 자주 사용하는 공구들을 작업 공간에 정렬해 놓는다.
원리 11. **사전 보상** (Beforehand Compensation, Beforehand Cushioning)	a. 물체의 낮은 신뢰성을 보완하기 위해서 미리 비상수단을 마련해둔다.	▶ 자동차 에어백 ▶ 도난을 방지하기 위해 상품 표찰에 자성판을 삽입해둔다. 도난당하는 순간에 경보를 낸다.

발명원리	부 원리	부 원리 예시
원리 12. **높이 맞추기** (Equipotentiality, Bring Things to the Same Level)	a. 퍼텐셜 장(potential field) 내에서 위치 변경을 제한한다.	▶ 자동차 엔진오일을 교환할 때 차를 들어 올리지 않고 작업자가 구덩이에 내려가 작업한다. ▶ 정전기로부터 상해를 예방하기 위해 사람과 대상물의 전기 전위를 같게 해주는 접지 띠를 사용한다.
원리 13. **역방향** (Do It in Reverse)	a. 문제를 해결하기 위해서 사용되는 동작을 반대로 한다.	▶ 꽉 끼인 부품들을 느슨하게 만들려고 할 때, 바깥쪽 부품을 가열하는 대신에 안쪽 부품을 냉각시킨다. ▶ 극장에 가지 않고, 집에서 영화 파일을 전송받아 TV로 감상한다.
	b. 움직일 수 있는 부분(또는 외부 환경)을 고정시키고, 고정된 부분을 움직일 수 있게 한다.	▶ 러닝머신 ▶ 사람은 서 있고 인도가 움직인다. ▶ 전통적인 주조 공정에서는 용융된 금속이 주조틀 내부에서 움직인다. 새로운 주조 공정에서는 주조틀이 움직이고 용융된 금속은 고정되는데, 이로써 금속이 아래 부분부터 굳는 것을 가능하게 해준다.
	c. 물체(또는 공정)를 뒤집는다.	▶ 곡물을 컨테이너에서 비울 때 컨테이너를 뒤집는다.
원리 14. **곡선화** (Curvature Increase, Spheroidality)	a. 부품, 표면, 또는 형상을 직선적인 것에서 곡선적인 것으로 바꾼다; 평면에서 곡면으로 바꾼다; 입방체(육면체) 모양의 부품에서 공 모양 구조로 바꾼다.	▶ 건축물의 강도를 높이기 위해 아크와 돔을 사용한다.
	b. 롤러, 볼, 나선형, 돔을 사용한다.	▶ 물체를 들어올리는데 사용하는 나선형 기어(Nautilus) ▶ 볼펜은 잉크가 잘 나오게 펜의 끝에 공을 사용한다.
	c. 직선운동을 회전운동으로 바꾼다. 원심력을 활용한다.	▶ 가구를 운반할 때 사용하는 다리 바퀴를 원통형 바퀴가 아닌 구형 바퀴를 사용한다. ▶ 원심력을 이용해 먼지를 분리해내는 방식의 진공청소기는 먼지봉투를 사용하지 않는다.
원리 15. **역동성** (Dynamicity, Dynamic Parts)	a. 물체, 외부 환경, 또는 과정에서 최적이 되도록 하기 위해 또는 최적 작동 조건을 구해내도록 하기 위해 특성을 변동시킬 수 있게 해준다.	▶ 조정 가능한 핸들(또는 의자, 또는 거울 위치 등) ▶ 소프트웨어 응용 프로그램은 사용자가 설정 가능한 도구 모음과 인터페이스를 갖고 있다.
	b. 물체에서 각 부분이 상대적으로 움직일 수 있도록 분할한다.	▶ 버터플라이 키보드 ▶ 경첩으로 연결된 두 부분의 프레임이 있는 차량에서 프레임 부분은 유압 실린더를 사용하여 적절한 위치로 변경할 수 있다. 이 설계는 바위가 많은 지형을 통과하는 능력을 상승시킨다.

발명원리	부 원리	부 원리 예시
	c. 물체(또는 공정)가 만약 경직되거나 또는 유연성이 부족하다면 이를 움직일 수 있게 하거나 또는 적응성이 높도록 만든다.	▶ 건강 진단에 사용되는 직장 내시경 ▶ 무용수의 회전치마(치마 허리 부위에 베어링을 장치)는 무용의 기교를 높여준다.
원리 16. 과부족 조치 (Partial or Excessive Actions)	a. 주어진 해결 방법을 사용해서 목표를 100% 달성하기 어렵다면, '조금 더' 혹은 '조금 덜' 하는 방법을 사용해서 해결하는 것이 비교적 쉽다.	▶ 브러시로 페인트를 칠할 때 페인트를 칠할 표면에 글자 또는 모양이 새겨진 형판을 붙인 다음 형판 전체에 페인트를 칠한다. 형판을 떼어내면 목적을 달성하며, 과다한 페인트는 형판이 해결해준다. ▶ 포장지를 개봉하기 쉽게 하기 위해 미리 조금 잘라둔다(전체를 자르지 않음).
원리 17. 차원 바꾸기 (Dimensionality Change, Another Dimension)	a. 물체를 이차원 혹은 삼차원 공간으로 옮긴다.	▶ 발표할 때 적외선 마우스를 평면이 아닌 공중에서 사용한다. ▶ 빙상 경기장의 얼음 깎는 장치를 차량 밑에 설치한다.
	b. 물체의 배열은 단층이 아닌 다층 배열을 사용한다.	▶ 여러 장의 CD가 들어가는 CD 플레이어 ▶ 양면이 프린트된 전자회로
	c. 물체를 기울이거나 방향을 전환한다. 옆으로 눕힌다.	▶ 덤프 트럭 ▶ 통나무를 수직으로 쌓아 저장한다.
	d. 주어진 영역의 반대쪽을 사용한다.	▶ 기판의 집적도를 높이기 위해 하이브리드 전자회로를 사용한다. ▶ 뫼비우스 띠 형태로 된 양면 자성 테이프는 기대 수명이 증대된다.
원리 18. 기계적 진동 (Mechanical Vibration)	a. 물체를 진동시킨다.	▶ 진동하는 날을 가진 전동 조각칼
	b. 진동수를 증가시킨다(초음파 대역까지).	▶ 진동을 이용하여 분말을 뿌린다. ▶ 초음파 진동이 있는 용액 속에서 부품을 청소한다.
	c. 물체의 공진 주파수를 사용한다.	▶ 초음파 진동을 이용해 담석이나 신장 결석을 파괴한다.
	d. 기계적 진동이 아닌 압전 진동을 사용한다.	▶ 수정발진 시계는 정확하다.
	e. 초음파 진동을 전자기장과 연계하여 사용한다.	▶ 정형외과에서 초음파를 이용하여 뼈를 잇는다.

발명원리	부 원리	부 원리 예시
원리 19. 주기적 작동 (Periodic Action)	a. 연속적인 작동이 아닌 주기적인 작동을 사용한다.	▶ 연속적인 빛 신호 대신에 섬광 빛이 정보나 광고 그리고 경보로 자주 사용된다. ▶ 부식된 나사를 돌리려고 할 때 지속적인 힘보다는 순간적으로 힘을 가하는 것이 더 효과적이다.
	b. 작동이 이미 주기적이라면 그 크기나 주파수를 바꾼다.	▶ 정보를 전달하기 위해 모스 부호 대신 주파수 변조(FM)를 사용한다. ▶ 연속적인 사이렌을 진폭과 주파수가 변하는 소리로 바꾼다.
	c. 다른 작용을 수행하기 위해 임펄스 사이의 휴지기간을 이용한다.	▶ 경고등이 잘 보이도록 간헐적으로 번쩍인다. ▶ 정오 시간의 낮잠은 지적 작업의 효율을 높여준다고 연구자들은 제안한다.
원리 20. 유용 작용의 연속 (Continuity of Useful Action)	a. 작업을 연속적으로 수행한다. 물체의 모든 부분이 전 부하 상태에서 항상 작동하도록 한다.	▶ 플라이휠은 자동차가 멈출 때 에너지를 저장해서 모터가 최적의 힘으로 작동하도록 유지해 준다. ▶ 최적의 페이스에 도달할 때까지 공장에서 병목현상이 발생하는 작업을 연속적으로 수행한다.
	b. 동작(또는 작업)에서 유휴 또는 간헐적인 모든 부분을 제거한다.	▶ 이동 중에 공부하기 ▶ 원유 수송을 마친 유조선에서 기름을 철저히 세척한 후 원당을 선적한다. 운송비용이 절감된다.
	c. 전진-후퇴의 왕복 운동을 회전 운동으로 바꾼다.	▶ 실험실에서 사용하는 회전식 탁자
원리 21. 급속 처리 (Rushing Through, Hurrying)	a. 공정 또는 어떤 단계(예, 파괴적인, 해롭거나 위험한 공정)를 고속으로 처리한다.	▶ 두께가 얇고 지름이 큰 플라스틱 파이프를 잘게 자르는 장치에서 칼이 파이프를 아주 신속히 절단하기 때문에 파이프 모양이 변형되지 않는다. 저속으로 절단하게 되면 절단 부분에서 나오는 열이 파이프의 다른 부분으로 퍼져서 형상이 변형된다. ▶ 감자는 표면에 붙어있는 박테리아를 열로 살균해야 하는데, 짧은 시간동안 섭씨 500도 이상의 열로 살균하면 감자 속에 영향을 주지 않고 표면만 살균하는 것이 가능하다.
원리 22. 해로움을 이로움으로 (Convert Harm into Benefit, Convert Harm into Benefit)	a. 바람직한 효과를 달성하기 위해 해로운 인자(특히, 환경이나 주변의 해로운 효과)를 사용한다.	▶ 한 공정에서 나오는 폐기물(부스러기)를 다른 공정의 원재료로 재활용한다. ▶ 염기성 액체가 파이프를 통과하면 파이프 내면에 침전물이 가라앉는다. 반면에, 산성 액체가 파이프를 통과하면 파이프 내부 표면이 부식된다. 동일한 파이프에 산성 액체와 염기성 액체를 교대로 통과시킨다.

발명원리	부 원리	부 원리 예시
	b. 주요한 해로운 작용에 다른 해로운 작용을 부가함으로써 원래의 해로운 작용을 제거한다.	▶ 부식성 용액에 완충 물질을 첨가한다. ▶ 잠수할 때 헬륨–산소 혼합물을 사용하는데, 이는 공기와 질소 혼합물로부터 질소의 마취 성분과 산소의 독성을 제거하기 위한 목적이다.
	c. 유해한 요인이 더 이상 유해하지 않을 때까지 그것을 증가시킨다.	▶ 산불이 났을 때 맞불을 질러서 탈 것을 미리 없앤다. ▶ 붉은 반점을 제거하기 위해 피부 밑에 그것을 보상하는 초록색 물감을 주입시킨다.
원리 23. **피드백** **(Feedback)**	a. 과정 또는 작용을 개선하기 위해 피드백(역, 크로스 체킹을 말함)을 도입한다.	▶ 통계적 공정관리(SPC) – 측정치로써 공정을 변경할 시기를 결정한다. (모든 피드백 시스템들이 자동 조절되는 것은 아니다.)
	b. 만약 피드백이 이미 존재한다면 그 크기 또는 영향을 바꾼다.	▶ 항공기가 공항에서 일정 거리 이내에 있을 경우 자동조종장치의 민감도를 변경한다. ▶ 냉방에는 에너지의 사용 효율이 감소되므로 온도조절장치의 민감도를 난방일 때와는 다르게 변경한다.
원리 24. **매개체** **(Intermediary)**	a. 중간 매개체 혹은 중간 공정을 사용한다.	▶ 목수의 못 박는 기구는 망치와 못 사이에 사용된다. ▶ 복잡한 모양을 가진 물체의 내부 표면에 보호 물질을 바르려고 한다. 이때 보호 물질을 뜨거운 압축 공기와 혼합한 다음에 이 혼합물을 물체의 내부로 공급함으로써 복잡한 내부 표면에 균일하게 바를 수 있다.
	b. 하나의 물체를 (쉽게 제거할 수 있는) 다른 물체에 임시로 결합한다.	▶ 뜨거운 접시를 탁자로 옮기기 위한 냄비 들개 ▶ 얼음이 녹아서 생기는 물 때문에 해로운 영향을 받지 않는다면 작은 물건을 임시로 붙잡아 두는 데 얼음을 사용할 수 있다.
원리 25. **셀프 서비스** **(Self Service)**	a. 물체가 유용한 보조 기능을 수행함으로써 스스로 서비스하도록 한다.	▶ 할로겐램프는 사용 중에 필라멘트를 재생하는데, 증발된 물질이 재부착된다. ▶ 타이어 안에 액체를 뿌려둠으로써 타이어 스스로 수리한다. 타이어에 펑크가 생기면 액체가 구멍을 메우게 되며, 이 액체가 바깥의 공기와 접촉되면 응고됨으로써 펑크가 스스로 수리된다.
	b. 쓰레기 자원, 에너지, 물질을 사용한다.	▶ 동물의 배설물을 비료로 이용한다. ▶ 공정에서 발생되는 열을 사용하여 발전한다 : "폐열발전"

발명원리	부 원리	부 원리 예시
원리 26. **복제** (Copying)	a. 깨지기 쉬운 원본이나 다루기 불편한 물체 대신에 단순하고 값싼 복제품을 사용한다.	▶ 출장을 가는 대신 화상회의를 한다. ▶ 세미나에 참가하는 대신 녹화 영상물을 이용한다.
	b. 광학적 복사물로써 물체 또는 공정을 대신한다.	▶ 사진으로 물체의 직접 측정을 대신한다. 열차에 적재된 원목의 규모를 측정할 때 사진을 촬영한 다음 이를 인화해서 계산하는 방법은 직접 측정 작업보다 훨씬 빠르고 오차도 거의 없다. ▶ 태아의 건강을 평가할 때 초음파 검사(소노그램)를 작성하면 직접적인 검사에 의한 위험을 감수하지 않아도 된다.
	b. 광학적 복사물로써 물체 또는 공정을 대신한다.	▶ 열을 감지하거나 보안시스템에 침입자를 감지하기 위해 적외선 촬영을 한다. ▶ 곡물의 질병이나 보안시스템 내의 침입자 등과 같은 경우 열원을 탐지하기 위해 적외선 영상을 작성한다.
원리 27. **값싼 일회용품** (Cheap Disposables)	a. 어떤 특성(예를 들어 서비스 기간과 같은)들은 희생하면서 한 개의 비싼 물체를 몇 개의 값싼 물체로 교체한다.	▶ 내구재의 세탁과 보관 비용을 없애기 위해 일회용 종이 제품을 사용한다. ▶ 모든 일회용 제품
원리 28. **기계적 상호작용을 대체** (Mechanical Interaction Substitution, Use of fields)	a. 기계적인 방법을 감각적인(빛, 소리, 맛 또는 냄새) 방법으로 대체한다.	▶ 개나 고양이를 가두는 물리적인 울타리 대신에 음향 "울타리"로 대체한다(동물이 들을 수 있는 신호). ▶ 사용자에게 천연 가스의 누출을 경고해 주도록 기계 또는 전자 장치를 대신하는 지독한 냄새가 나는 합성물을 사용한다.
	b. 물체와 상호작용하도록 전기, 자기, 전자기장을 사용한다.	▶ 잉크젯 프린터에서 잉크 입자는 열과 전자기장에 의해 제어된다. ▶ 비디오 디스플레이에서 문자와 그림은 미세 입자 또는 분자를 제어하는 전자기장을 사용하여 만들어지고, 바뀌고, 제거된다.
	c. 정적인 장을 동적인 장으로, 비구조적인 장을 구조적인 장으로 변경한다.	▶ 마그네틱 카드와 스마트 카드는 지폐 또는 수표를 대체하여 사용된다. ▶ 미세 구멍의 내벽에 광택을 내는 작업에서 공구가 부품에 접촉하는 순간을 육안으로 감지하기는 거의 불가능하지만 광택 작업의 진행 상태를 스피커 음의 고저에 의해서 알아낼 수 있다.

발명원리	부 원리	부 원리 예시
	d. 장을 사용할 때 장 활성화(예, 강자성체) 입자와 연계하여 사용한다.	▶ 가변 자기장을 사용함으로써 강자성 재료를 포함한 물질을 가열한다. 온도가 퀴리점(강자성체가 상자성체로 변화되는 임계 온도)을 초과할 때 이 물질은 상자성이 되며 더 이상 열을 흡수하지 않는다. ▶ 용융 금속 위에서 판유리를 제조할 때 전자기파를 사용하면 용융 금속 표면에 조절 가능한 파동을 일으키며, 이로써 물결 모양의 판유리를 만들 수 있다.
원리 29. **공기압과 수압** (Pneumatics and Hydraulics)	a. 물체의 고체 부품을 사용하는 대신에 기체나 액체 부품을 사용한다.	▶ 젤이 든 신발 깔창 ▶ 수압 장치는 같은 크기의 단순한 기계 장치보다 더 많은 힘을 낼 수 있다. 물리적인 절단 도구를 워터제트로 대체한다.
원리 30. **유연한 막과 얇은 필름** (Flexible Shells and Thin Films)	a. 유연한 막과 얇은 필름을 삼차원 구조물 대신에 사용한다.	▶ 물침대 ▶ 부풀릴 수 있는 (얇은 필름)구조물을 테니스 코트 겨울 커버용으로 사용한다.
	b. 물체를 유연한 막과 얇은 필름을 사용하여 외부 환경과 격리시킨다.	▶ 나뭇잎에 폴리에틸렌을 빗물처럼 분사시켜 매우 얇은 플라스틱 막이 나뭇잎에 형성되면 증발되는 수분의 양을 줄일 수 있다. 폴리에틸렌은 산소와 이산화탄소를 수증기보다 잘 통과시키기 때문에 식물의 성장에는 무리가 없다. ▶ 얇은 고무 필름으로 감싼 전구는 높은 충격에도 견딜 수 있다. 테플론 필름으로 전구 유리를 코팅한 안전 전구는 깨져도 유리가 비산되지 않는다.
원리 31. **다공성 물질** (Porous materials)	a. 물체를 다공성으로 만들거나 다공성 요소(삽입물, 코팅 등)들을 첨가한다.	▶ 무게를 줄이기 위해 구조물에 구멍을 뚫는다. ▶ 첨단 제품 극세사의 작은 구멍은 물의 통과를 막지만 습기는 증발시킨다.
	b. 만약 물체가 이미 다공성이라면 그 구멍에 유용한 물질 또는 기능을 도입한다.	▶ 위험 폐기물 정화 시스템에 다공질 세라믹이 많이 쓰인다. 세라믹의 작은 구멍을 위험 물질과 결합하기 위한 재료로 채울 수 있고, 세라믹 입자는 이러한 물질의 분산과 제거를 훨씬 쉽게 해준다. ▶ 수소를 팔라듐 스폰지의 구멍에 저장해서 안전성을 높인다.
원리 32. **색상 변경** (Optical Property Changes, Changing the Color)	a. 물체 또는 물체의 외부 환경 색깔을 변경한다.	▶ 사진현상 암실에서 안전광을 사용한다.
	b. 물체 또는 물체의 외부 환경 투명도를 변경한다.	▶ 붕대를 투명한 물질로 만들면 상처를 관찰하기 쉽게 해준다. ▶ 반도체 공정에서 투명한 물질을 고체 마스크로 변경시키도록 하기 위해 석판 인쇄를 사용한다.

발명원리	부 원리	부 원리 예시
	c. 관찰하기 어려운 물체나 공정을 관찰하기 위해 유색 첨가제, 형광 첨가제를 사용한다.	▶ 빛을 발생하는 효소는 식품의 불순물을 찾는 데 사용될 수 있다.
	d. 만약 그러한 첨가제를 이미 사용하고 있다면 발광추적자 또는 추적원자를 이용한다.	▶ 금속 제련공장에서는 자외선으로부터 작업자를 보호하기 위해 유색 물커튼을 사용한다.
원리 33. **동질성** (Homogeniety)	a. 똑같은 재료(또는 동일한 특성을 가진 재료)로 된 주어진 물체와 상호 작용하도록 물체들을 만든다.	▶ 물체를 열 팽창율이 동일한 재질로 만들면 열 변형을 최소화할 수 있다. ▶ 흡열반응에 필요한 열을 전달하는 방법: 플라스크와 동일한 재료의 고온 증기를 플라스크 내부로 공급하면 된다. 이 고온 증기가 반응에 필요한 열을 전달한다.
원리 34. **폐기와 재생** (Discharging and Recovering)	a. 기능을 수행한 물체의 해당 부분들을 폐기하거나(녹이기, 증발시키기 등으로 해서 버림) 또는 작업 도중에 이것들을 직접 변형한다.	▶ 약의 캡슐을 녹는 것으로 사용한다. ▶ 임시 둑 작업같이 흙을 다지기 위한 형틀을 만들때 얼린 물이나 이산화탄소(드라이아이스)를 이용한다. 흙을 채우고 나면 얼음이 녹거나 이산화탄소가 승화되어 최종 구조물만 남게 된다. ▶ 철사를 신축성 물질의 심 위에 감고 나중에 용제로 심을 녹여 제거해서 극소형 용수철을 만든다.
	b. 물체의 소모되는 부분들을 작동 중에 직접 복원한다.	▶ 자기 예각성 잔디 깎기 날 ▶ 주행 중에 스스로 튠업(tune up)되는 자동차 엔진 ▶ 공정에서나 사용된 물을 정화해서 해당 공정에 재사용한다.
원리 35. **속성 변환** (Parameter Changes, Transformation of Properties)	a. 물체의 물리적 상태를 (예, 고체, 액체, 기체로) 변화시킨다.	▶ 조제되는 사탕의 액체 응어리(시럽)는 얼린 후 액체 초콜릿에 담근다. 끈적거리며 뜨거운 액체를 다루지 않아도 된다. ▶ 산소, 질소, 석유 가스 등을 수송할 때 액화시켜서 운반하면 부피가 감소된다.
	b. 농도나 밀도를 변경한다.	▶ 액체 세수 비누는 고체 비누보다 농도가 진하고 점도가 높으며 적정량을 따라 쓰기 쉽고 여러 사람이 공동으로 사용할 때 더 위생적이다.
	c. 유연성의 정도를 변경한다.	▶ 고무의 유연성과 내구성을 향상시키기 위해 가황 처리를 한다.
	d. 온도를 변경한다.	▶ 강자성체를 상자성체로 변경하려면 퀴리점 이상으로 온도를 올린다. ▶ 추후의 분석을 대비해 의학용 표본의 온도를 낮춘다.

발명원리	부 원리	부 원리 예시
원리 36. 상전이 (Phase Transitions)	a. 상전이 과정에서 발생되는 현상을 이용한다.	▶ 물이 얼 때 부피가 팽창하는 것을 이용해서 바위를 깬다. ▶ 냉장고는 냉매의 기화와 액화현상을 이용한다. ▶ 고체 이산화탄소를 분사하여 표면을 청소하면 불순물들이 즉시 얼고 수축하여 쉽게 떨어질 것이다. 분사된 고체 이산화탄소는 기체로 승화되므로 다시 청소할 필요가 없다.
원리 37. 열팽창 (Thermal Expansion)	a. 물질의 열팽창(또는 수축)을 이용한다.	▶ 이음매 안에 들어갈 부분은 수축시키기 위해 냉각하고 밖에서 싸는 부분은 팽창시키기 위해 가열한다. 또한 이음매를 함께 조립하고 평형으로 되돌림으로써 이음매를 강하게 결합시킨다. ▶ 구성 요소의 위치를 잡아주거나 맞추려고 할 때 열팽창을 이용한다. 또한 구성 요소를 액체 질소로 차갑게 수축시켜서 설치하고 이후 팽창시켜서 설치 위치에 고정한다.
	b. 열팽창을 이미 사용하고 있다면, 열팽창 계수가 서로 다른 여러 물질들을 사용한다.	▶ 바이메탈 원리를 이용한 자동 온도 조절기가 있다. 온실의 지붕 창문에 바이메탈 판을 연결한다. 온도 변화에 따라 판이 구부러져 창문을 스스로 열거나 닫는다.
원리 38. 강 산화제 (Strong Oxidation, Accelerated Oxidation)	a. 일반 공기를 산소가 풍부한 공기로 바꾼다.	▶ 스쿠버 다이빙에서 더 오래 견뎌낼 수 있도록 니트록스(Nitrox) 또는 공기가 아닌 다른 혼합물을 사용한다.
	b. 산소가 풍부한 공기를 순수 산소로 바꾼다.	▶ 산소-아세틸렌 토치를 사용하여 고온에서 철근을 절단한다. ▶ 고압 산소 환경에서 상처를 치료하면 혐기성 박테리아를 죽일 수 있어 치료에 도움이 된다.
	c. 공기나 산소를 이온화한 방사선에 노출시킨다.	
	d. 이온화된 산소를 사용한다.	▶ 공기청정기 안에서 오염물질을 골라내기 위해 공기를 이온화한다.
	e. 오존화(또는 이온화)된 산소를 오존으로 바꾼다.	▶ 사용하기 전에 가스를 이온화함으로써 화학반응 속도를 높인다.
	f. 오존을 활성 산소로 바꾼다.	

발명원리	부 원리	부 원리 예시
원리 39. **불활성 환경** (Inert Atmosphere)	a. 정상적인 환경을 불활성 상태로 바꾼다.	▶ 아르곤 가스를 사용함으로써 뜨거운 금속 필라멘트의 파손을 막는다.
	b. 중성 물질이나 불활성 첨가제를 물체에 넣는다.	▶ 대형 선박의 내부 공간 전체를 질소로 채워 부식을 방지한다. ▶ 불활성 가스 금속 아크 용접(MIG, Metal Inert Gas Wel-ding); 용접할 때 용접부 재료의 산화를 막기 위해 아르곤이나 헬륨같은 불활성 가스로 용접 아크를 감싸게 한다.
	c. 진공에서 작업을 실행한다.	▶ 프로세스를 진공 상태에서 처리한다. 실리콘 웨이퍼를 진공에서 처리하면 불순물 발생 비율이 매우 줄어든다.
원리 40. **복합 재료** (Composite Materials)	a. 단일 재료를 복합 재료로 바꾼다.	▶ 복합 에폭시수지/탄소섬유 골프채는 금속보다 더 가볍고 강하다. ▶ 비행기 동체의 티타늄 복합 재료는 가볍고 강하고 유연하다. 비행기 좌석의 쿠션으로 사용되는 폴리우레탄이 인화성이므로 내화성인 케블라 섬유로 코팅한다.

A.3 엔지니어 윤리 강령(Code of Ethics for Engineers)

전문(Preamble)

공학은 학식이 필요한 중요한 전문직(profession)이다. 전문인으로서 엔지니어는 높은 수준의 정직성(honesty)과 성실성(integrity)을 지녀야 한다. 공학은 인류의 삶의 질에 직접적으로 심각한 영향을 미친다. 따라서 엔지니어의 직무는 정직(honesty), 공명(impartiality), 공정(fairness)과 공평(equity)을 바탕으로 공공의 건강, 안전, 그리고 복지를 보호하는데 헌신하는 것이다. 엔지니어의 품행은 전문직에 합당한 높은 수준의 윤리적 기준에 맞아야 한다.

I. 기본 규범(Fundamental Canons)

엔지니어는 그 전문직 직무를 수행할 때에,

1. 공공의 안전, 건강, 그리고 복지를 최우선으로 한다.
2. 자신의 전문분야의 직무만 수행한다.
3. 공개적인 발표는 오로지 객관적이고 진실하게 한다.
4. 모든 고용인 또는 의뢰인을 위한 충실한 대리인 또는 수탁자로 활동한다.
5. 거짓된 행동을 하지 않는다.
6. 명예롭게, 책임감 있게, 윤리적으로, 그리고 합법적으로 처신함으로써 해당직무분야의 명예와 평판과 유용성을 고양시킨다.

II. 실천 세칙(Rules of Practice)

1. **공공의 안전, 건강, 그리고 복지를 최우선으로 한다.**
   - a. 엔지니어는 항상 자신의 기본적 의무가 공중의 안전, 건강, 재산 및 복지를 보호하는 것이라는 점을 인식하고 있다. 공중의 안전, 건강, 재산, 복지가 위험한 상황에서 전문가로서 자신의 판단이 기각될 때는 자신의 고용주, 의뢰인 등 이에 관한 권한을 가진 자에게 알린다.
   - b. 허용된 기준에 비추어 공중의 건강, 재산, 및 복지에 안전한 과학기술 서류만을 승인한다.
   - c. 법과 이 강령과 의뢰인 혹은 고용주의 사전동의 없이는 자기의 직무수행과 관련하

여 지득한 사실, 정보를 공개하지 않는다.

d. 엔지니어는 타인이 자신의 이름 혹은 회사의 이름을 사용하도록 허용해서는 안 되며, 남을 속이거나 부정직하게 사업 혹은 전문직무를 하는 것으로 보이는 회사 또는 개인과 함께 업무를 제휴하지 않는다.

e. 엔지니어는 개인이나 단체에게 불법적인 엔지니어링 업무을 사주하면 안 된다.

f. 엔지니어는 다른 엔지니어가 이 강령을 위반한 것을 알았을 때는 이 정보의 제공 혹은 필요한 지원에 관해 윤리 강령 당국자와 협력한다.

2. 자신의 전문분야의 직무만 수행한다.

a. 엔지니어는 특정분야의 학력 혹은 경험에 의해 자격이 있는 직무만을 수탁받는다.

b. 엔지니어는 자신의 능력 밖의 직무에 관한 계획 또는 서류에 서명하지 않는다. 또한 능력이 있더라도 자신이 직접 관장하지 않는 계획이나 서류에 서명하지 않는다.

c. 엔지니어는 프로젝트 전체에 관한 조정 책임을 질 수 있고, 프로젝트의 각 기술 부분이 그 업무를 수행할 자격이 있는 엔지니어에 의해 서명된 경우에만 전체 프로젝트의 기술문서에 서명할 수 있다.

3. 공개적인 발표는 오로지 객관적이고 진실하게 한다.

a. 엔지니어는 전문적 보고, 발표, 증언을 할 때에 객관적이고 진실하게 한다. 보고, 발표, 증언에는 관련된 적절한 모든 정보를 발행된 날짜를 명시하여 포함시킨다.

b. 엔지니어는 어떤 사안에 관해 적절한 지식과 능력이 있을 때 전문적 의견을 공표할 수 있다.

c. 엔지니어는 이해 당사자로부터 의뢰를 받아 보수를 받은 업무에 관해, 이해 당사자의 명시적인 사전 언급이 있거나 엔지니어의 이해관계가 있는 경우 이외에는 발표, 비판, 혹은 논쟁하지 않는다.

4. 모든 고용인 또는 의뢰인을 위한 충실한 대리인 또는 수탁자로 활동한다.

a. 엔지니어는 자신의 이해관계와 고용주 혹은 의뢰인의 이익이 상충된다는 것을 알고 있거나 그런 일이 예상될 때에는 엔지니어의 판단, 업무의 질에 영향을 미칠 수 있거나 미치고 있는 사정 등을 알림으로써 공개한다.

b. 엔지니어는 모든 이해당사자의 합의가 있는 경우 외에는 당해 프로젝트의 해당 업무 혹은 직접 관계가 있는 업무에 관해 의뢰인 이외의 자로부터 금전적 보수 혹은 다른 형태의 보수를 받지 않는다.

c. 엔지니어는 고용주 혹은 의뢰인에게 책임을 지는 다른 계약 당사자로부터 직접 혹은 간접적으로, 금전적으로 혹은 기타 가치 있는 대가를 요청하거나 받지 않는다.

d. 공공기관의 소속원, 자문인, 혹은 피고용인으로서 공무를 수행하는 엔지니어는 자신들이나 자신이 소속된 기관이 추천하거나 수행한 전문 업무에 관한 결정에 관여하지 않는다.

e. 엔지니어는 그가 속한 기관의 대표 혹은 임원이 정부기관의 일원인 경우에는 당해 정부기관과 전문업무의 계약을 하거나 계약 요청을 하지 않는다.

5. 거짓된 행동을 하지 않는다.

a. 엔지니어는 자신과 동료의 학력이나 자격에 관한 허위사실을 알고 그대로 전달하거나 수용하지 않는다. 엔지니어는 의뢰받을 업무와 관련하여 현재 수행중 또는 수행한 같은 업무의 책임 등급을 높이거나 과장하지 않는다. 또한 엔지니어는 업무의 의뢰 청구와 관련되는 자기 소개에서 자신의 의뢰인, 피고용인, 제휴자, 동업자 혹은 과거 실적에 관해 자신의 수행능력을 높이 평가받기 위한 허위진술을 하지 않는다.

b. 엔지니어는 직접적이나 간접적으로 공공기관에 의한 계약의 낙찰에 영향을 미치려는 의도로 사회적 상례에 의해 낙찰에 영향을 미칠 것으로 여겨지는 상당한 금액의 정치적 헌금을 제안, 제공, 요청, 또는 수령하지 않는다. 엔지니어는 일을 의뢰 받기 위해 선물이나 기타 가치 있는 대가를 제안하지 않는다. 엔지니어는 일을 의뢰받기 위해 자신이 고용한 사람, 중개허가를 받은 상사에게 지급하는 것 외에는 커미션을 지급하지 않는다.

III. 전문인의 의무(Professional Obligations)

1. 엔지니어는 직무수행에 관련하여 높은 수준의 정직성과 성실성을 견지해야 한다.

a. 엔지니어는 자신의 잘못이 밝혀지면 자신의 잘못을 인정하고 자신의 직무에 관한 평가를 왜곡하거나 변경하려는 행동을 삼간다.

b. 엔지니어는 프로젝트가 성공적일 수 없다는 믿음이 있으면 이것을 의뢰인 또는 고용주에게 알린다.

c. 엔지니어는 의뢰인과 고용주가 자신의 일상적 업무와 이익을 손상시키기 위해 하는 외부 고용을 받아들이지 않는다.

d. 엔지니어는 다른 고용주에게 고용된 엔지니어에게 허세를 부려 스카웃하지 않는다.
e. 엔지니어는 파업, 피켓라인 등 집단적 강제행동을 적극적으로 하지 않는다.
f. 엔지니어는 전문인으로서 품위와 정직성을 희생하여 자신의 이익을 증진시키려는 행동을 삼간다.

2. 엔지니어는 항상 공공의 이익을 위해 봉사한다.

a. 엔지니어는 시민과 관련된 일 및 자기가 소속된 사회의 안전, 건강 및 복지를 위해 건설적인 봉사를 할 수 있는 기회를 갈망한다.
b. 엔지니어는 그가 속한 엔지니어 사회에서 통용되는 기준에 모자라고 공중의 건강과 복지에 영향을 미칠 것으로 판단되는 계획 또는 기술에 관해 서명하지 않는다. 의뢰인이나 고용주가 그와 같은 전문직업으로서 합당하지 않은 행동을 강요할 때에는 관계당국에 통보하고 그 프로젝트의 직무를 포기한다.
c. 엔지니어는 엔지니어에 대한 일반인의 인식, 평가 및 성과를 신장시키고 엔지니어에 대한 허위진술과 오해를 방지하는데 노력한다.

3. 엔지니어는 공학기술을 불신하게 하거나 공중을 속일 가능성이 있는 행동이나 업무를 피한다.

a. 엔지니어는 엔지니어에 대한 부당한 기대를 갖도록 유도하거나 부당한 기대를 갖게할 가능성이 있는 허위사실 또는 증빙자료 없는 진술, 성명 등을 공표하지 않는다. 즉, 장래의 성공 예측, 엔지니어의 수행능력에 과난 의견, 의뢰를 받기 위한 의도로 의뢰인의 오판을 가져올 가능성이 있는 과시, 과장, 선전, 자기 칭찬 등을 포함한 공표를 피한다.
b. 엔지니어는 종사운 모집을 위해 종전의 광고와 일관성을 유지하는 조건에서 자신을 광고할 수 있다.
c. 엔지니어는 전문직 업무에 관한 것이 아니거나 기술에 관한 신문을 위해서는 존전에 쓴 내용과 일관성을 유지하는 조건에서 기사, 논문을 쓸 수 있다. 그러나 다른 사람이 수행한 일에 관한 논문인 경우 이것을 그에 관한 평가로 보지 않는다.

4. 엔지니어는 현재 혹은 과거의 의뢰인, 고용주와의 업무에 관한 비밀을 의뢰인 또는 고용주의 허락 없이 공개하지 않는다.

a. 타인의 의뢰에 의해 직무를 수행중인 엔지니어는 모든 이해 당사자의 동의 없이는

당해 업무와 관련되어 앞으로 할 일을 추진하기 위한 협상을 하거나 현재의 업무와 관련하여 취득한 특별한 전문지식과 관련되는 다른 프로젝트에 주 계약자로 참여하기 위한 준비를 하지 않는다.

b. 엔지니어는 수행한 프로젝트에서 의뢰인이나 고용주를 대신하여 취득한 특별한 전문지식을 그 프로젝트 이해 당사자의 동의 없이 그들의 반대편에 참여하거나 반대편을 대표해서는 안된다.

5. 엔지니어는 그의 직무수행에 자신의 개인적인 이해가 영향을 주지 않도록 한다.

a. 엔지니어는 제조하는 제품의 자재 공급인으로부터 무상 설계를 포함하여 금전적 혹은 그 어떤 대가도 받지 않는다.

b. 엔지니어는 수행 중인 직무와 관련하여 의뢰인이나 고용주와 거래하고 있는 계약자나 기타 당사자로부터 직간접적으로 수수료나 수당 등을 받지 않는다.

6. 엔지니어는 고용이나 승진 또는 업무 수주를 위하여 다른 엔지니어를 비판하거나 부적절하거나 수상한 방법을 사용하지 않는다.

a. 엔지니어는 분쟁상태에서 타협을 전제로 수수료를 요구하지도 제안하지도 그리고 받지도 않는다.

b. 급료를 받는 고용된 엔지니어는 고용주의 경영방침과 일치하는 범위와 윤리적으로 허용되는 범위에서 시간제 일을 한다.

c. 엔지니어는 고용주의 허락 없이 개인적인 용도로 고용주의 실험실, 장비, 비품, 사무실을 사용하지 않는다.

7. 엔지니어는 직접적이나 간접적으로 다른 엔지니어의 평판, 전망, 업무 또는 고용에 관하여 악의적으로 또는 그릇된 손상을 입히지 않고 그들의 일을 불성실하게 비판하지 않는다. 그러나 엔지니어는 다른 엔지니어가 비윤리적이거나 불법적인 업무 수행을 한다고 볼 때 이를 관계당국에 보고한다.

a. 개인 사무소를 운영하는 엔지니어는 다른 엔지니어와 함께 하는 업무가 끝나지 않은 상태에서 그가 모르게 동종 업무에 종사하는 다른 엔지니어와 업무를 검토하지 않는다.

b. 정부, 기업 또는 교육기관에 고용된 엔지니어는 자신의 직무상 필요한 경우에만 다른 엔지니어의 업무를 검토할 권한을 받는다.

c. 판매회사 또는 기업에 고용된 엔지니어는 납품된 제품을 다른 공급자의 제품과 비교할 권한이 있다.

8. 엔지니어는 그들의 직무 수행의 책임을 받아들인다. 그러나 중대한 과실이 없고 달리 이익을 보호할 방법이 없는 불가피한 경우에는 면책될 수 있다.

a. 엔지니어는 법 규정에 따라 등록한 후 직무를 수행한다.

b. 엔지니어는 비윤리적 행위를 은폐하기 위하여 엔지니어가 아닌 자와 함께 조합이나 제휴하지 않는다.

9. 엔지니어는 타인의 엔지니어링 작품을 신뢰하고 그의 독점적 소유권을 인정해야 한다.

a. 엔지니어는 필요하면 책임자가 되어 설계, 발명, 문서 작성 또는 기타 업무를 수행할 개인이나 단체를 임명할 수 있다.

b. 엔지니어는 의뢰인이 제공한 설계서를 사용할 때 그 설계서가 의뢰인 소유의 재산임을 인식하고 그의 허락 없이 이를 복사하지 않는다.

c. 엔지니어는 그가 맡은 일이 개선, 계획, 설계, 발명 등 저작권이나 특허권에 관련될 경우 그 소유권에 대하여 확실한 협정서를 교환한 뒤 업무를 시작한다.

d. 엔지니어가 한 설계, 자료, 기록 등이 고용주에게 배타적으로 속하는 일인 경우 그 성과물은 고용주의 재산이다.

e. 엔지니어는 지속적으로 자신의 직무 능력을 개발해야 하며 실무 수행, 재교육 참여, 기술 문헌 독서, 전문 학회나 세미나 참여로 자기 전문분야에서 뒤처지지 않아야 한다.

National Society of Professional Engineers®

Code of Ethics for Engineers

Preamble

Engineering is an important and learned profession. As members of this profession, engineers are expected to exhibit the highest standards of honesty and integrity. Engineering has a direct and vital impact on the quality of life for all people. Accordingly, the services provided by engineers require honesty, impartiality, fairness, and equity, and must be dedicated to the protection of the public health, safety, and welfare. Engineers must perform under a standard of professional behavior that requires adherence to the highest principles of ethical conduct.

I. Fundamental Canons

Engineers, in the fulfillment of their professional duties, shall:

1. Hold paramount the safety, health, and welfare of the public.
2. Perform services only in areas of their competence.
3. Issue public statements only in an objective and truthful manner.
4. Act for each employer or client as faithful agents or trustees.
5. Avoid deceptive acts.
6. Conduct themselves honorably, responsibly, ethically, and lawfully so as to enhance the honor, reputation, and usefulness of the profession.

II. Rules of Practice

1. Engineers shall hold paramount the safety, health, and welfare of the public.
   a. If engineers' judgment is overruled under circumstances that endanger life or property, they shall notify their employer or client and such other authority as may be appropriate.
   b. Engineers shall approve only those engineering documents that are in conformity with applicable standards.
   c. Engineers shall not reveal facts, data, or information without the prior consent of the client or employer except as authorized or required by law or this Code.
   d. Engineers shall not permit the use of their name or associate in business ventures with any person or firm that they believe is engaged in fraudulent or dishonest enterprise.
   e. Engineers shall not aid or abet the unlawful practice of engineering by a person or firm.
   f. Engineers having knowledge of any alleged violation of this Code shall report thereon to appropriate professional bodies and, when relevant, also to public authorities, and cooperate with the proper authorities in furnishing such information or assistance as may be required.
2. Engineers shall perform services only in the areas of their competence.
   a. Engineers shall undertake assignments only when qualified by education or experience in the specific technical fields involved.
   b. Engineers shall not affix their signatures to any plans or documents dealing with subject matter in which they lack competence, nor to any plan or document not prepared under their direction and control.
   c. Engineers may accept assignments and assume responsibility for coordination of an entire project and sign and seal the engineering documents for the entire project, provided that each technical segment is signed and sealed only by the qualified engineers who prepared the segment.
3. Engineers shall issue public statements only in an objective and truthful manner.
   a. Engineers shall be objective and truthful in professional reports, statements, or testimony. They shall include all relevant and pertinent information in such reports, statements, or testimony, which should bear the date indicating when it was current.
   b. Engineers may express publicly technical opinions that are founded upon knowledge of the facts and competence in the subject matter.
   c. Engineers shall issue no statements, criticisms, or arguments on technical matters that are inspired or paid for by interested parties, unless they have prefaced their comments by explicitly identifying the interested parties on whose behalf they are speaking, and by revealing the existence of any interest the engineers may have in the matters.
4. Engineers shall act for each employer or client as faithful agents or trustees.
   a. Engineers shall disclose all known or potential conflicts of interest that could influence or appear to influence their judgment or the quality of their services.
   b. Engineers shall not accept compensation, financial or otherwise, from more than one party for services on the same project, or for services pertaining to the same project, unless the circumstances are fully disclosed and agreed to by all interested parties.
   c. Engineers shall not solicit or accept financial or other valuable consideration, directly or indirectly, from outside agents in connection with the work for which they are responsible.
   d. Engineers in public service as members, advisors, or employees of a governmental or quasi-governmental body or department shall not participate in decisions with respect to services solicited or provided by them or their organizations in private or public engineering practice.
   e. Engineers shall not solicit or accept a contract from a governmental body on which a principal or officer of their organization serves as a member.
5. Engineers shall avoid deceptive acts.
   a. Engineers shall not falsify their qualifications or permit misrepresentation of their or their associates' qualifications. They shall not misrepresent or exaggerate their responsibility in or for the subject matter of prior assignments. Brochures or other presentations incident to the solicitation of employment shall not misrepresent pertinent facts concerning employers, employees, associates, joint venturers, or past accomplishments.
   b. Engineers shall not offer, give, solicit, or receive, either directly or indirectly, any contribution to influence the award of a contract by public authority, or which may be reasonably construed by the public as having the effect or intent of influencing the awarding of a contract. They shall not offer any gift or other valuable consideration in order to secure work. They shall not pay a commission, percentage, or brokerage fee in order to secure work, except to a bona fide employee or bona fide established commercial or marketing agencies retained by them.

III. Professional Obligations

1. Engineers shall be guided in all their relations by the highest standards of honesty and integrity.
   a. Engineers shall acknowledge their errors and shall not distort or alter the facts.
   b. Engineers shall advise their clients or employers when they believe a project will not be successful.
   c. Engineers shall not accept outside employment to the detriment of their regular work or interest. Before accepting any outside engineering employment, they will notify their employers.
   d. Engineers shall not attempt to attract an engineer from another employer by false or misleading pretenses.
   e. Engineers shall not promote their own interest at the expense of the dignity and integrity of the profession.
2. Engineers shall at all times strive to serve the public interest.
   a. Engineers are encouraged to participate in civic affairs; career guidance for youths; and work for the advancement of the safety, health, and well-being of their community.
   b. Engineers shall not complete, sign, or seal plans and/or specifications that are not in conformity with applicable engineering standards. If the client or employer insists on such unprofessional conduct, they shall notify the proper authorities and withdraw from further service on the project.
   c. Engineers are encouraged to extend public knowledge and appreciation of engineering and its achievements.
   d. Engineers are encouraged to adhere to the principles of sustainable development[1] in order to protect the environment for future generations.

3. Engineers shall avoid all conduct or practice that deceives the public.
   a. Engineers shall avoid the use of statements containing a material misrepresentation of fact or omitting a material fact.
   b. Consistent with the foregoing, engineers may advertise for recruitment of personnel.
   c. Consistent with the foregoing, engineers may prepare articles for the lay or technical press, but such articles shall not imply credit to the author for work performed by others.
4. Engineers shall not disclose, without consent, confidential information concerning the business affairs or technical processes of any present or former client or employer, or public body on which they serve.
   a. Engineers shall not, without the consent of all interested parties, promote or arrange for new employment or practice in connection with a specific project for which the engineer has gained particular and specialized knowledge.
   b. Engineers shall not, without the consent of all interested parties, participate in or represent an adversary interest in connection with a specific project or proceeding in which the engineer has gained particular specialized knowledge on behalf of a former client or employer.
5. Engineers shall not be influenced in their professional duties by conflicting interests.
   a. Engineers shall not accept financial or other considerations, including free engineering designs, from material or equipment suppliers for specifying their product.
   b. Engineers shall not accept commissions or allowances, directly or indirectly, from contractors or other parties dealing with clients or employers of the engineer in connection with work for which the engineer is responsible.
6. Engineers shall not attempt to obtain employment or advancement or professional engagements by untruthfully criticizing other engineers, or by other improper or questionable methods.
   a. Engineers shall not request, propose, or accept a commission on a contingent basis under circumstances in which their judgment may be compromised.
   b. Engineers in salaried positions shall accept part-time engineering work only to the extent consistent with policies of the employer and in accordance with ethical considerations.
   c. Engineers shall not, without consent, use equipment, supplies, laboratory, or office facilities of an employer to carry on outside private practice.
7. Engineers shall not attempt to injure, maliciously or falsely, directly or indirectly, the professional reputation, prospects, practice, or employment of other engineers. Engineers who believe others are guilty of unethical or illegal practice shall present such information to the proper authority for action.
   a. Engineers in private practice shall not review the work of another engineer for the same client, except with the knowledge of such engineer, or unless the connection of such engineer with the work has been terminated.
   b. Engineers in governmental, industrial, or educational employ are entitled to review and evaluate the work of other engineers when so required by their employment duties.
   c. Engineers in sales or industrial employ are entitled to make engineering comparisons of represented products with products of other suppliers.
8. Engineers shall accept personal responsibility for their professional activities, provided, however, that engineers may seek indemnification for services arising out of their practice for other than gross negligence, where the engineer's interests cannot otherwise be protected.
   a. Engineers shall conform with state registration laws in the practice of engineering.
   b. Engineers shall not use association with a nonengineer, a corporation, or partnership as a "cloak" for unethical acts.
9. Engineers shall give credit for engineering work to those to whom credit is due, and will recognize the proprietary interests of others.
   a. Engineers shall, whenever possible, name the person or persons who may be individually responsible for designs, inventions, writings, or other accomplishments.
   b. Engineers using designs supplied by a client recognize that the designs remain the property of the client and may not be duplicated by the engineer for others without express permission.
   c. Engineers, before undertaking work for others in connection with which the engineer may make improvements, plans, designs, inventions, or other records that may justify copyrights or patents, should enter into a positive agreement regarding ownership.
   d. Engineers' designs, data, records, and notes referring exclusively to an employer's work are the employer's property. The employer should indemnify the engineer for use of the information for any purpose other than the original purpose.
   e. Engineers shall continue their professional development throughout their careers and should keep current in their specialty fields by engaging in professional practice, participating in continuing education courses, reading in the technical literature, and attending professional meetings and seminars.

Footnote 1 "Sustainable development" is the challenge of meeting human needs for natural resources, industrial products, energy, food, transportation, shelter, and effective waste management while conserving and protecting environmental quality and the natural resource base essential for future development.

As Revised July 2007

"By order of the United States District Court for the District of Columbia, former Section 11(c) of the NSPE Code of Ethics prohibiting competitive bidding, and all policy statements, opinions, rulings or other guidelines interpreting its scope, have been rescinded as unlawfully interfering with the legal right of engineers, protected under the antitrust laws, to provide price information to prospective clients; accordingly, nothing contained in the NSPE Code of Ethics, policy statements, opinions, rulings or other guidelines prohibits the submission of price quotations or competitive bids for engineering services at any time or in any amount."

Statement by NSPE Executive Committee

In order to correct misunderstandings which have been indicated in some instances since the issuance of the Supreme Court decision and the entry of the Final Judgment, it is noted that in its decision of April 25, 1978, the Supreme Court of the United States declared: "The Sherman Act does not require competitive bidding."

It is further noted that as made clear in the Supreme Court decision:

1. Engineers and firms may individually refuse to bid for engineering services.
2. Clients are not required to seek bids for engineering services.
3. Federal, state, and local laws governing procedures to procure engineering services are not affected, and remain in full force and effect.
4. State societies and local chapters are free to actively and aggressively seek legislation for professional selection and negotiation procedures by public agencies.
5. State registration board rules of professional conduct, including rules prohibiting competitive bidding for engineering services, are not affected and remain in full force and effect. State registration boards with authority to adopt rules of professional conduct may adopt rules governing procedures to obtain engineering services.
6. As noted by the Supreme Court, "nothing in the judgment prevents NSPE and its members from attempting to influence governmental action . . ."

Note: In regard to the question of application of the Code to corporations vis-a-vis real persons, business form or type should not negate nor influence conformance of individuals to the Code. The Code deals with professional services, which services must be performed by real persons. Real persons in turn establish and implement policies within business structures. The Code is clearly written to apply to the Engineer, and it is incumbent on members of NSPE to endeavor to live up to its provisions. This applies to all pertinent sections of the Code.

National Society of Professional Engineers®

1420 King Street
Alexandria, Virginia 22314-2794
703/684-2800 • Fax:703/836-4875
www.nspe.org
Publication date as revised: July 2007 • Publication #1102

A.4 NSPE 윤리 강령 시험문제의 정답

다음은 NSPE 윤리강령 시험문제의 답과 관련된 강령의 조항 번호입니다.

1. F - NSPE Code Ⅰ.1
2. F - NSPE Code Ⅰ.2
3. F - NSPE Code Ⅰ.3
4. T - NSPE Code Ⅰ.4
5. F - NSPE Code of Ethics Ⅰ.5
6. F - NSPE Code of Ethics Ⅰ.6
7. T - NSPE Code of Ethics Ⅱ.1.a
8. F - NSPE Code of Ethics Ⅱ.1.b
9. T - NSPE Code Ⅱ.1.c
10. F - NSPE Code Ⅱ.1.d
11. F - NSPE Code Ⅱ.1.e
12. T - NSPE Code Ⅱ.2.a
13. F - NSPE Ⅱ.2.b
14. F - NSPE Ⅱ.2.c
15. F - NSPE Ⅱ.3.a
16. T - NSPE Ⅱ.3.b
17. T - NSPE Ⅱ.3.c
18. F - NSPE Ⅱ.4.a
19. T - NSPE Ⅱ.4.b
20. F - NSPE Ⅱ.4.c
21. F - NSPE Ⅱ.4.d
22. T - NSPE Ⅱ.4.e
23. F - NSPE Ⅱ.5.a
24. F - NSPE Ⅱ.5.b
25. F - NSPE Ⅱ Ⅰ.1.a

찾아보기

저자 소개

박 강 | 명지대학교 기계공학과 교수

박용원 | 명지대학교 토목환경공학과 교수

김병재 | 명지대학교 산업경영공학과 교수

장혁수 | 명지대학교 컴퓨터소프트웨어학과 교수

김영욱 | 명지대학교 토목환경공학과 교수

인 쇄	2018년 8월 13일
발 행	2018년 8월 20일
저 자	박 강, 박용원, 김병재, 장혁수, 김영욱
발 행 인	채희만
출판기획	안성일
영 업	한석범, 최상도
관 리	이승희
발 행 처	**INFINITYBOOKS**
주 소	경기도 고양시 일산동구 하늘마을로 158 대방트리플라온 C동 209호
전 화	02)302-8441
팩 스	02)6085-0777
Homepage	www.infinitybooks.co.kr
E-mail	helloworld@infinitybooks.co.kr
I S B N	978-89-92649-35-3
등록번호	제313-2010-241호
판매정가	**17,000**원

인 지